궁금할 때 바로 찾는

우리 나무 도감

궁금할 때 바로 찾는

우리나무 도감

나무 이름
유래 기초상식

허북구 · 박석근 지음

중앙생활사

머리말

정보가 흘러넘치는 세상입니다. 우리 주변의 나무에 대한 자료들도 넘치고 넘치는 시대입니다. 그런데도 이름에 대한 무지로 자료에 접근하지 못하고, 정보화 시대의 혜택을 보지 못하는 분들이 많습니다. 이름만 알아도 궁금할 때 자료를 곧바로 검색할 수 있고, 관련 정보를 쉽게 얻을 수 있는데도 말입니다.

안타까운 마음에 이름만이라도 쉽게 기억하고, 궁금할 때 원하는 나무를 바로 찾았으면 하는 바람에서 나무 이름에 숨겨진 비밀을 하나하나 찾아 나섰고 그 결과를 털어놓게 되었습니다.

나무 이름에는 생육특성, 색깔, 용도, 도입지, 인간과의 관계 등 많은 요인이 반영되어 있으므로 그 유래를 알면 쉽게 기억할 수 있습니다. 어떤 것들은 오랜 세월이 흘러 오늘날의 정서로는 이해하기 힘든 이름들도 있지만 그런 것들은 나무 이름을 통해서 역사와 조상들의 생활사 공부를 하는 것도 가능합니다.

나무 이름의 유래는 이처럼 나무를 구별하고 기억하는 지름길이자 정보창고를 여는 열쇠입니다. 비록 부족한 지식, 성긴 문장으로 이루어진 책이지만 나무를 가까이 하고, 나무를 이해하는 데 조금이라도 도움이 되었으면 합니다.

이 책은 임경빈 박사님, 박상진 박사님, 황중락 선생님 등 선학자 분들이 나무 이름의 유래에 대한 초석을 놓아주셨기에 저술이 가능했음을 밝혀두고 감사를 드립니다. 특히 민속식물연구소의 송홍선 소장님은 소중한 사진을 기꺼이 제공해 주셨습니다.

아울러 이 책이 독자분들에게 곱게 단장하여 선보일 수 있게 해준 중앙생활사 김용주 대표님과 관계자 여러분에게도 특별한 감사를 드립니다.

Contents

머리말 / 4

우리 나무 이름의 기초상식 / 10

ㄱ

가래나무 / 19
가문비나무 / 19
가새뽕나무 / 20
가시나무 / 21
가시오갈피 / 23
갈참나무 / 24
감나무 / 25
감탕나무 / 27
개나리 / 28
개다래나무 / 30
개머루 / 31
개벚나무 / 32
개암나무 / 33
개오동나무 / 34
개옻나무 / 35
개잎갈나무 / 36
갯버들 / 37
거제수나무 / 38
검은재나무 / 39
겨우살이 / 40
겨울딸기 / 41
계수나무 / 42
계요등 / 43
고로쇠나무 / 44
고욤 / 45
고추나무 / 46
골담초 / 47
곰솔 / 48
구기자나무 / 49
구상나무 / 50
구실잣밤나무 / 51
국수나무 / 52
굴참나무 / 53
금목서 / 54
금송 / 55
까치밥나무 / 57
꼬리조팝나무 / 57
꽃개오동 / 58
꽝꽝나무 / 59

ㄴ

나도밤나무 / 62
나래회나무 / 63
낙상홍 / 64
낙우송 / 65
남천 / 67
너도밤나무 / 67
노각나무 / 68
노간주나무 / 69
노린재나무 / 70
노박덩굴 / 71
누리장나무 / 73
느티나무 / 74
능금나무 / 75
능소화 / 77

ㄷ

다래나무 / 81
다정큼나무 / 82
닥나무 / 83
단풍나무 / 85
담쟁이덩굴 / 86
대추나무 / 87
대팻집나무 / 88
댕강나무 / 89
돈나무 / 90
돌배나무 / 91
동백나무 / 92
두릅나무 / 94
두메닥나무 / 95
두충 / 97
등 / 98
등수국 / 99
등칡 / 100
땅비싸리 / 101
때죽나무 / 102
떡갈나무 / 103

ㅁ

마가목 / 106
마삭줄 / 107
만년콩 / 108
만병초 / 109
말발도리 / 110
말채나무 / 111
매발톱나무 / 113
매실나무 / 115
멀구슬나무 / 116
멍석딸기 / 117
모과나무 / 118
모란 / 119
목련 / 120
목서 / 121
무궁화 / 123
무화과 / 125
무환자나무 / 126
물푸레나무 / 127
미루나무 / 128
미선나무 / 129
미역줄나무 / 131

ㅂ

박달나무 / 134
박쥐나무 / 135
박태기나무 / 136
밤나무 / 137
배나무 / 139
배롱나무 / 140
백량금 / 142
백리향 / 143
백목련 / 144
백서향 / 145
백송 / 146
버드나무 / 147
버즘나무 / 149
벚나무 / 150
벽오동 / 151
별목련 / 152
병꽃나무 / 153
병아리꽃나무 / 154
보리수나무 / 156
복분자딸기 / 157
복숭아 / 159
부용 / 160
분꽃나무 / 161
불두화 / 162
붉가시나무 / 163
붉나무 / 164
붓순나무 / 165
비자나무 / 166
비파나무 / 167
빗죽이나무 / 169
뽕나무 / 170
뽕잎피나무 / 171

ㅅ

사방오리나무 / 174
사시나무 / 175
사철나무 / 176
산개나리 / 177
산사나무 / 178
산수유 / 179
산초나무 / 180
산팽나무 / 181
산호수 / 182
살구나무 / 183
삼지닥나무 / 184
상동나무 / 185
상수리나무 / 187
생강나무 / 188
서양측백나무 / 189
서향나무 / 190
석류나무 / 191
섬개야광나무 / 192
소나무 / 193
소태나무 / 194
수국 / 195
수수꽃다리 / 197
수양버들 / 199
순비기나무 / 200
쉬나무 / 201
신갈나무 / 202
신나무 / 203
실거리나무 / 204

ㅇ

아그배나무 / 206
아왜나무 / 207
애기동백 / 208
애기등 / 209
앵두나무 / 211
야광나무 / 213
연필향나무 / 214
염주나무 / 215
영춘화 / 216
오갈피나무 / 217
오동나무 / 218
오리나무 / 219
오미자 / 221
오죽 / 222
올괴불나무 / 223
옻나무 / 224
왕대 / 225
용버들 / 227
월계수 / 228
위성류 / 229
유동 / 229
윤노리나무 / 230
으름덩굴 / 231
은행나무 / 232
음나무 / 233
이팝나무 / 234
인동덩굴 / 235
일본목련 / 236
일본잎갈나무 / 237
잎갈나무 / 239

ㅈ

자귀나무 / 242
자두나무 / 243
자목련 / 244
자작나무 / 245
작살나무 / 246
장구밥나무 / 247
장미 / 248
전나무 / 249
정향나무 / 250
조록나무 / 251
조릿대 / 252
조팝나무 / 253
족제비싸리 / 254
졸참나무 / 255
좀깨잎나무 / 256
종가시나무 / 257
종덩굴 / 258
주목 / 259

주엽나무 / 260
죽절목 / 261
줄댕강나무 / 263
줄딸기 / 264
중국굴피나무 / 265
중대가리나무 / 266
쥐똥나무 / 267
진달래 / 268
찔레나무 / 269

ㅊ

차나무 / 272
참꽃나무 / 273
참빗살나무 / 274
천선과나무 / 275
철쭉나무 / 276
청가시덩굴 / 277
청괴불나무 / 278
측백나무 / 280
층층나무 / 281
치자나무 / 283
칠엽수 / 284
칡 / 285

ㅋ

키버들 / 289

ㅌ

태산목 / 292
튤립나무 / 293

ㅍ

팔손이 / 297
팥꽃나무 / 297
팥배나무 / 299
편백 / 300
포도 / 301
풀싸리 / 302
풍게나무 / 303
풍년화 / 304
피나무 / 305

ㅎ

함박꽃나무 / 308
향나무 / 309
호두나무 / 311
호랑가시나무 / 312
호랑버들 / 313
호자나무 / 314
홍가시나무 / 315
화살나무 / 317
황매화 / 318
황벽나무 / 319
황칠나무 / 320
회양목 / 321
회화나무 / 323
후박나무 / 324

다른 이름으로 찾기 / 326
학명으로 찾기 / 332
참고문헌 / 339

우리 나무 이름의 기초상식

1. 이름의 의의

지구상에 존재하는 수많은 식물 가운데 종자식물만 해도 세계적으로 25만 종, 우리나라에 약 4천 종(귀화식물이나 원예종은 제외)이 있다고 한다. 이렇게 많은 식물 하나하나에는 모두 이름이 있다. 동성동명이 많은 사람과 달리 별명과 방언을 제외하면 같은 이름이 거의 없는데, 바로 이 점이 식물 각각을 구별할 수 있게 하고 표현수단으로서 식물에 대한 커뮤니케이션을 가능하게 한다.

이러한 식물의 이름은 각 식물의 형태적 · 생리적 특성을 나타낼 수 있는 어휘로 명명되는 경우가 많다. 따라서 식물 이름의 어원을 이해하면 식물의 특성을 쉽게 알 수 있고 정확하게 구별할 수도 있어 이용할 때 혼돈을 막을 수 있다. 결국 식물에 대해 알고자 한다면 그 이름의 유래를 알지 않으면 안 되는 것이다. 우리도 누군가가 이름을 다르게 불러주면 기분이 나쁜 것처럼 식물도 틀린 이름을 불러주거나 이름을 모른다고 하면 섭섭해할 것이다. 이제부터는 야생초, 잡초, 나무, 덩굴 등으로 뭉뚱그리지 말고 정확한 이름을 불러주자. 아는 만큼 보이고 보이는 만큼 사랑하게 될 것이다.

2. 이름의 종류

식물의 이름은 보통명과 학명으로 나뉜다. 보통명은 다시 정명(正名)과 이명(異名)으로 나뉘는데, 정명은 우리나라 사람들이 가장 폭넓게 사용하는 표준명이다. 참고로 우리나라에서 우리 나무와 식물 이름의 표준명화는 1937년 조선박물학회에서 《조선식물향명집(朝鮮植物鄕名集)》을 발간함으로써 처음 시도되었다. 이명은 정명 이외의 호칭으로 지방의 방언도 포함된다. 학명은 학문상으로 사용되는 이름으로 식물학자들에 의해 명명되어 라틴어 또는 라틴어화 말이 사용되고 있다. 학명은 각국 공통이라는 것이 특징이며, 기본적으로 속명, 종명과 명명자로 구성된다. 속명과 종명은 이탤릭체로 쓰거나 밑줄을 그어 구분한다.

가령 자작나무의 학명은 *Betula platyphylla* var. *japonica* Hara인데, 여기서 *Betula*는 속명이고 *platyphylla*는 종명이며 Hara는 명명자이다. 식물의 학명을 쓸 때는 약자도 사용이 된다. 만약 자작나무의 학명을 *Betula* spp.라고 표기했다면 spp.는 종(species)의 복수를 뜻하는 약자로 *Betula* 속에 속한 모든 식물을 총칭한다. 또 *Betula platyphylla* var.라고 썼다면 var.는 변종(variety)의 약자로서 변종을 의미하며, *Betula platyphylla* cv.라고 썼다면 cv.는 품종(cultivated variety)의 약자로 품종을 나타낸 것이다.

3. 나무 이름의 유래 유형

나무 이름에는 각각의 의미가 있어 그 유래를 아는 것은 흥미로울 뿐만 아니라 나무에 가까이 다가가고 그 세계에 들어가는 지름길이다. 나무 이름의 유래는 크게 언어와 의미에 따라 찾아볼 수 있다. 언어에 따라서는 토박이말과 외래어 이름에서 유래된 것이 있고, 의미

측면에서는 식물 전체의 느낌, 식물기관의 형태, 성질 및 상태, 숫자, 화학적 성분 및 성질, 식물의 생활습성, 인간생활과의 관계, 동물이나 사물에 비유한 것, 생육지, 신화, 전설, 설화, 기타에서 유래된 것 등으로 구분이 가능하다.

4. 나무 이름에 붙이는 말의 유래

나무 이름에서 기본종의 특징을 구체적으로 나타내기 위해 기본종의 나무 이름 앞에 붙이는 접두어(앞붙이 말) 또는 뒤에 붙이는 접미어(뒷붙이 말)가 사용된 이름이 있는데, 이들 나무들은 나무 이름에 사용된 접두어나 접미어를 통해 나무의 특성을 구체적으로 알 수 있다. 다음은 나무 이름에서 많이 차용된 접두어를 유형화시킨 것이다.

접두어는 식물에 대한 많은 정보를 제공해주지만 워낙 개별성이 강해 일정하게 유형화시키기가 쉽지 않다. 다음의 접두어는 나무 이름에 많이 차용된 것들로 어느 정도 무리지을 수 있는 것들이다.

1) 나무의 자생지를 나타내는 말

- 갯 : 바닷가, 냇가에서 서식하는 데서 유래
  예 갯버들, 갯대추나무, 갯댑싸리
- 두메 : 고산이나 산골지역에서 자라는 데서 유래
  예 두메닥나무, 두메오리나무
- 물 : 습기가 많은 곳에서 자라는 데서 유래
  예 물황철, 물싸리, 물참나무
- 바위 : 바위에서 자라는 데서 유래

예 바위수국, 바위솔

- 산 : 높은 산에서 자라는 데서 유래

예 산개나리, 산분꽃나무, 산서어나무, 산팽나무

- 섬 : 육지와는 단절된 섬에서만 자생하는 데서 유래

예 섬국수나무, 섬단풍, 섬백리향, 섬개야광나무

- 지역명 및 도입지명 : 자생하는 지역명이나 도입지명에서 유래

예 강계버들, 광릉물푸레, 금강인가목, 구주소나무, 구주피나무

2) 진위 여부나 품질을 나타내는 말

- 개 : 기준으로 삼을 수 있는 식물에 비해 품질이 낮거나 모양이 다른 데서 유래

예 개다래, 개벚나무, 개머루, 개오동, 개옻나무

- 나도 : 원래는 완전히 다른 분류군이지만 비슷하게 생긴 데서 유래

예 나도국수나무, 나도밤나무, 나도박달

- 너도 : 원래는 완전히 다른 분류군이지만 비슷하게 생긴 데서 유래

예 너도밤나무, 너도양지꽃

- 돌 : 비교대상이 되는 나무에 비해 품질이 낮은 것에서 유래

예 돌갈매나무, 돌배나무, 돌매화나무

- 새 : 기준으로 삼을 수 있는 식물에 비해 품질이 낮거나 모양이 다른 데서 유래

예 새머루

- 참 : 진짜 또는 품질이 좋다는 의미에서 유래

예 참꽃나무, 참오동나무, 참조팝나무

3) 나무의 잎이나 줄기 등의 특성을 나타낸 말

- 가는 : 잎이 가는 데서 유래

  예 가는잎버드나무, 가는잎벚나무, 가는잎사위질빵
- 가시 : 가시가 있는 데서 유래

  예 가시까치밥나무, 가시오갈피, 가시복분자딸기
- 털 : 털이 있는 데서 유래

  예 털오갈피나무, 털오리나무, 털조장나무, 털쥐똥나무

4) 나무의 잎, 열매, 꽃 등의 색을 나타낸 말

- 가막, 까막 : 식물의 줄기나 열매 등의 색이 검은색이라는 데서 유래

  예 가막까치밥나무
- 금 : 식물체의 특정 부위의 색이 금색인 데서 유래

  예 금목서, 금송, 금반사철
- 백 : 꽃, 잎 및 나무 줄기 등이 흰색인 데서 유래

  예 백목련, 백서향, 백정화
- 붉 : 잎, 목재 등 식물체의 특정 부위가 붉은 데서 유래

  예 붉가시나무, 붉나무
- 은 : 식물체의 특정 부위가 은색인 데서 유래

  예 은목서, 은단풍, 은행나무
- 자 : 꽃이나 나뭇잎, 열매 등이 자색인 데서 유래

  예 자두나무, 자목련
- 주 : 나무의 기관이나 재질이 붉은색인 데서 유래

예 주목

5) 나무의 크기나 형태를 나타낸 말

- 각시 : 식물의 크기나 특정 기관이 작거나 귀여운 데서 유래

예 각시고광나무, 각시괴불나무, 각시석남

- 난쟁이 : 나무의 크기가 작은 데서 유래

예 난쟁이버들, 난쟁이바위솔

- 눈 : 나무가 지표면 가까이 누워서 자라는 데서 유래

예 눈갯버들, 눈까치밥나무, 눈잣나무

- 땅 : 초형이나 키가 작은 데서 유래

예 땅비싸리, 땅비수리

- 선 : 식물체가 직립해 있는 데서 유래

예 선버들, 선가래

- 누운, 눈 : 식물체가 누워 있는 데서 유래

예 누운측백, 눈잣나무, 눈주목

- 애기 : 식물체의 기관이나 키가 작고 귀여운 데서 유래

예 애기동백, 애기등

- 좀 : 나무의 크기가 작거나 식물체의 기관이 작은 데서 유래

예 좀깨잎나무, 좀머귀나무, 좀자작나무, 좀참꽃나무

- 왕 : 나무의 크기나 식물체의 기관이 큰 데서 유래

예 왕대, 왕쥐똥나무, 왕원추리

ㄱ

가래나무 *(Juglans mandshurica)* 가래나무과

♣ 개화기 : 4월

소백산, 속리산 이북의 표고 500m를 중심으로 100~1,500m 사이에 자생하는 낙엽활엽 교목이며, 호두나무와 같은 속(屬) 식물이다. 열매가 9~10월에 익으며 약용이나 식용으로 가능하다. 가래나무는 '가래+나무'로 구성된 것으로, 가래는 이 나무의 열매 모양이 흙을 파헤치는 농사도구인 가래와 비슷한 데서 유래되었다는 설이 있다. 가래나무의 옛 이름은 加來南于(가래남우)인데, 이는 이두식 표기인 듯하다. 중국 이름은 추목(楸木)이며 열매를 추자(楸子)라고 하는데, 이는 이 나무를 무덤가에 심은 데서 유래된 것으로 추정된다. 즉 옛 사람들은 조상의 묘가 있는 곳을 추하(楸下), 산소를 찾는 일을 추행(楸行)이라고 하였기 때문에 추목(楸木)은 무덤나무가 된다. 실제로 옛 사람들은 무덤가에 가래나무를 심어 가꾸었다.

가문비나무 *(Picea jezoensis)* 소나무과

♣ 개화기 : 5~6월

지리산, 덕유산, 설악산, 금강산, 백두산 등의 표고 500~2,300m에 자생하는 상록침엽 교목이다. 가문비나무라는 이름은 나무 껍질의 색깔에서 유래된 것으로 추정된다. 즉 나무 껍질이 검은 빛이어서 흑피목(黑皮木)이라 불리다가, 이것이 검은피나무로 된 다음 다시 가문비나무로 변한 것으로 추정된다. 감비나무라고도 부른다.

◀가래나무

ㄱ

가새뽕나무 *(Morus bombycis for. dissecta)* 뽕나무과

♣ 개화기 : 6월

전국에 자생하는 낙엽활엽교목으로, 잎이 산사나무처럼 길게 갈라져 있는 산뽕나무의 변종 나무이다. 열매가 흑자색으로 7~8월에 익으며 가새뽕이라고도 부른다. 가새뽕은 가새(가위)와 뽕의 합성어로 가새는 잎이 가새(가위)의 다리살처럼 벌어진 데서 유래된 것이며, 뽕은 이 식물이 뽕나무과인 데서 유래된 것이다. 식물 이름에 앞붙이 말(접두어) '가새'가 붙은 것에는 가새풀(톱풀)이 있다. 가새풀은 찢어진 잎의 작은 모양새가 날카로운 톱처럼 생기기도 했지만 양 옆이 가위의 다리살처럼 갈라진 데서 유래된 것이다.

가시나무 *(Quercus myrsinaefolia)* 참나무과

♣ 개화기 : 4~5월

제주도 및 전남, 경남의 해안 도서지방에 자생하는 상록활엽교목으로, 열매인 도토리는 10월에 익는다. 도토리가 달리는 나무로 상록성은 가시나무, 개가시나무, 종가시나무, 참가시나무, 붉가시나무가 있고, 낙엽성은 갈참나무, 굴참나무, 졸참나무, 신갈나무, 떡갈나무, 상수리나무가 있다. 가시나무는 그 이름 때문에 나무에 가시가 많이 있을 것으로 생각하기 쉬우나 그렇지 않다. 가시나무라는 이름은 '가서목(哥舒木)→가서나무→가시나무'로 변화된 것이다. 가서목에서 가는 언니(형) 가(哥)이며 서는 떨 서(舒)이고 목은 나무 목(木)으로, 잎이 바람에 흔들리는 것이 떠는 것같이 보인 데서 유래된 것으로 추정된다.

가시오갈피 *(Acanthopanax senticosus)* 두릅나무과

♣ 개화기 : 7월

우리나라 각처의 표고 900m 내외의 심산계곡에서 자라는 낙엽활엽관목이다. 키는 2m 내외로 자라고 열매는 9월에 검은색으로 익으며, 시베리아인삼으로도 불린다. 속명 Acanthopanax가 'acantho(가시나무)+panax(만병을 치료하다)'의 합성어에서 유래된 것에서 알 수 있듯이 가시가 있으며, 약효가 좋은 것이 특징이다.

가시오갈피라는 이름 또한 '가시+오갈피' 형태로 구성된 것으로 가시는 가지에 바늘처럼 가늘고 긴 가시가 밀생해 있는 데서 유래된 것이다. 오갈피는 오가피(五加皮)에서 유래된 것으로 껍질이 약재로서 효능이 좋은 데서 유래되었다는 기록이 있는데, 《동의보감(東醫寶鑑)》이나 《본초강목(本草綱目)》에는 뿌리, 줄기 및 가지의 껍질 등을 복용하면 몸을 가볍게 한다고 기재되어 있다.

잎이 손가락 모양처럼 5개로 갈라져 있는 데서 유래되었다는 설도 있는데 잎은 대부분 5개씩 부채꼴로 돌려나지만 아직 어리거나 생육조건이 나쁠 때는 더러 4개의 잎을 달기도 한다. 오갈피나무가 별도로 있지만 가시오갈피에 대응하여 가지에 가시가 없는 것을 민가시오갈피(for. *inermis*)라 하고, 가시오갈피에 비해 전체가 대형인 것을 왕가시오갈피(var. *koreanus*)라 한다.

갈참나무 *(Quercus aliena)* 참나무과

♣ 개화기 : 5월

ㄱ

전국의 표고 50~1,000m에서 자생하는 낙엽활엽교목으로, 열매인 도토리는 10월에 익는다. 갈참나무는 '갈+참나무' 로 구성된 것으로 보이는데, 갈은 1900년대 이전의 문헌에는 나타나지 않은 것으로 보아 그 이후에 쓰인 말로 추정된다.

현대 국어사전에 갈은 가을, 가래, 갈나무의 준말이라고 나와 있는데, 아마 갈나무와 관련이 있는 듯싶다. 갈나무와 관련해서는 갈잎나무가 갈나무에 영향을 미쳤을 가능성이 있다고 생각된다. 갈잎나무는 식물 이름이 아니고 식물학에서 사용하는 용어이다. 가을철에 단풍이 들어 잎이 떨어지고 이듬해 봄에 다시 새잎이 나는 나무, 낙엽수, 낙엽목, 잎이 지는 나무, 떡갈나무 등을 가리키는 말로, 갈참나무, 갈졸참나무, 신갈나무, 떡갈나무 등 이름에 '갈' 자가 사용된 나무는 모두 참나무 종류로 가을철에 단풍이 들어 잎이 떨어지는 공통점이 있다.

감나무 *(Diospyros kaki)*

감나무과

♣ 개화기 : 5~6월

우리나라 중부 이남에서 자라는 낙엽활엽교목으로 열매는 10월에 익는다. 같은 속에 속하는 식물로 야생감나무라고 할 수 있는 고욤나무가 있다. 열매의 맛이 달기 때문에 감(甘)나무라는 이름이 유래되었다는 설이 있지만, 감의 한자 이름은 甘(감)으로 쓰지 않고 중국 이름에서 유래된 시(柿)를 쓴다.

옛 문헌에서 우리 이름 감을 찾아보면 '갇→갈→갈암→가암→감'으로 변해왔다. 이는 감이 甘(감)에서 유래되지 않았음을 나타낸다. 또 제주도 방언에 감물을 들인 옷을 갈중이, 갈옷이라고 하는데, 이는 감(柿)의 옛말 '갈'이 제주도 방언에 생생히 남아 있음을 나타냄과 동시에, 甘(감)에서 유래되지 않았음을 명백히 나타낸다. 한편 감의 일본어 이름 カキ(가키)는 감나무에 대한 한국 이름에서 유래되었다는 설이 있는데, 이는 고대국어에 갈(柿)이 있었음을 보여주고 있다.

감탕나무 *(Ilex integra)*

감탕나무과

♣ 개화기 : 3~5월

남부의 바닷가나 도서지방에서 자라며, 표고 100~700m에서 자생하는 상록활엽교목으이다. 암수딴그루이며 열매는 암그루에 달려 다음해 1~2월에 익는다. 감탕나무는 끈끈한 물질이 있는 나무라는 뜻에서 단맛이 나는 국물(湯, 물끓을 탕)을 나타내는 감탕(甘湯), 또는 새를 잡거나 나무를 붙이는 데 쓰는 갓풀을 뜻하는 감탕에서 유래된 이름으로 추정된다. 다른 이름으로 떡가지나무, 끈제기나무가 있다.

개나리 *(Forsythia koreans)*

물푸레나무과

♣ 개화기 : 4~5월

ㄱ

우리나라 전역에서 자라는 낙엽활엽관목으로 종자는 9~10월에 익는다. 개나리는 나리꽃과 비슷하지만 나리가 아니라는 의미에서 유래되었다는 것이 일반적인 설이다.

즉 개나리는 나리에 앞붙이 말 '개~'가 붙은 것으로, 나리꽃과 비슷하게 생겼으나 그보다 작고 좋지 않은 데서 유래되었다는 얘기이다.

그런데 역사적인 사실은 여기에 의문을 제기한다. 조선시대 실학자 유희가 쓴 《물명고(物名攷)》(1824)에는 초본류 545종, 목본류 206종(같은 이름이 중복되어 있는 것이 많다)에 대해 한글 이름이 표기되어 있는데, 이름에 어두(語頭) '개' 자가 사용된 것은 초본류의 경우 개국화(오늘날 국화과 식물의 일종), 개날이(나리), 개년(苹蓬草로 표기되어 있는데 오늘날의 식물명은 불분명하다) 3종이며, 목본류는 개나리나모(개나리), 개버들(蒲柳), 개야지(버들개지), 개얌(개암)의 4종이다. 이 자료에 의하면 개날이는 나리를 가리키는 이름이며, 개나리는 개나리나모로 표기되어 있으므로 개나리는 '개+나리' 형태로 이루어진 이름이 아닐 수도 있음을 보여주고 있다. 한편 북한에서 개나리의 이름은 개나리꽃나무이다. 오늘날 우리나라에서는 나무 이름에 앞붙이 말 '개~' 자가 붙은 이름이 많지만 북한에서는 개나리를 제외하고는 없다. 아마 일본 이름에서 '개' 자를 접두어로 자주 사용하는 것을 의식해서인 것으로 생각되지만, 다른 한편으로는 개나리의 이름이 '개+나리'의 형태가 아닐 수 있음을 나타내는 것이다.

ㄱ

ㄱ

개다래나무 *(Actinidia polygama)*

다래나무과

♣ 개화기 : 6~7월

우리나라 곳곳에서 자라는 낙엽활엽덩굴나무로, 꽃은 흰색이고 열매는 8~9월에 노란색으로 익는다. 같은 속에 속하는 식물로 다래나무, 쥐다래나무, 섬다래나무 등이 있다. 나무 이름에 앞에 붙는 '개~'는 일반적으로 열등의 의미를 나타내는 경우가 많다. 그러나 '개~'자가 붙은 식물 이름 중에는 열등하다는 의미를 찾을 수 없는 경우도 다소 있다. 가령 개다래는 그 열매를 먹기도 하고 약용으로도 쓰므로 열등한 것, 쓸모없는 것, 혹은 먹지 못하는 것의 부류에 속하지 않는다. 그러므로 개다래에서 '개'는 다래와 겉모습이 비슷한 식물임을 가리키는 앞붙이 말로서, '개'는 동종 식물의 변종 처리에 쓰인 데서 유래된 것이라 할 수 있다. 북한 이름은 말다래나무이다.

개머루 *(Ampelopsis brevipedunculata)*

♣ 개화기 : 6~7월

전국의 표고 100~1,200m 사이의 계곡과 산록에 자생하는 낙엽 활엽성의 덩굴나무로 열매는 9월에 익는다. 머루의 열매가 식용이나 약용으로 사용되는 반면, 개머루는 먹지 못하여 개머루라고 부른다. 개머루는 '개+머루'로 구성된 이름인데, 식물 이름에서 접두사 '개'는 그 식물과 비슷한 종류의 다른 식물들에 비해 열등함을 나타내는 경우가 많다. 기본적으로 식물에는 우열이라는 개념이 적용될 수 없지만 식물의 크기가 작거나 식물의 일부(잎, 꽃 등)가 작은 것, 혹은 인간 생활을 기준으로 그다지 유용하게 쓰이지 않는 것을 가리키는 데 사용된다. 개머루에서 접두사 '개' 또한 먹지 못하는 머루라는 뜻에서 유래된 것이다.

ㄱ

개벚나무 *(Prunus leveilleana)* 장미과

♣ 개화기 : 4월

우리나라 각처의 산에서 자라는 낙엽활엽교목으로, 열매는 검은색이고 6월에 익는다. 개벚나무는 벚나무와 비교할 때 꽃가지가 엉성하고 꽃이 적게 피어 그 아름다움이 벚나무만 못하다는 뜻에서 유래된 이름이다. 북한 이름은 산벚나무이다.

개암나무 *(Corylus heterophylla var. thunbergii.)* 자작나무과

♣ 개화기 : 3월

우리나라 전국에서 자라는 낙엽활엽관목이다. 암꽃과 수꽃은 같은 나무의 다른 위치에서 각각 피며 열매는 10월에 익는다. 개암나무는 우리나라 전체에 분포하고 있는데 그 열매를 개암이라 하며 개양이란 방언이 있고, 전라도에서는 깨금, 제주도에서는 처낭이라 하기도 한다. 개암의 옛 이름에는 진자(榛子), 산백과(山白果), 산반율(山反栗), 진율(秦栗), 임성과(任城果), 득안(得眼) 등이 있는데, 밤과 같이 맛있는 열매임을 말해준다. 즉 개암을 밤에 비유한 이름들이다. 그런데 품질이 낮은, 진짜가 아닌 것을 뜻하는 접두사 '개'가 있으므로 '개(접사)+밤(栗)=개밤→개얌/개옴→개암'이 된 것으로 추정된다.

ㄱ

개오동나무 *(Catalpa ovata)*

능소화과

♣ 개화기 : 6~7월

중국 원산으로 1904년경에 도입되어 우리나라 각지의 정원에 흔하게 심는 낙엽활엽교목이다. 열매는 10월에 갈색으로 익는다. 오동나무는 아니지만 오동나무와 비슷하다 해서 오동나무에 접두어 '개' 자를 붙여 사용한 이름이다. 그러므로 개오동에서 접두사 '개' 는 오동나무와 비슷하다는 뜻을 나타내는 접두사로 쓰인 것이다. 열매가 노끈처럼 길게 자란다 해서 '노나무' 라는 지방 이름도 있다. 북한 이름은 향오동이다. 개머루, 개살구, 개다래에 있는 접두사 '개' 는 산이나 들에 절로 나며 해당 종에서 나쁜 것을 나타내는데, 개오동은 향기가 좋고 나무 모양도 좋은데 '개' 자를 붙이는 것은 사리에 맞지 않다고 해서 김일성이 향오동으로 개명한 데서 유래된 이름이다.

개옻나무 *(Rhus trichocarpa)* 옻나무과

♣ 개화기 : 5~7월

전국 산야에 자생하는 낙엽활엽소교목이다. 암수딴그루의 특성을 가지고 있어 열매는 암그루에만 달리며, 10월에 황갈색으로 익는다. 옻나무와 비슷하지만 옻을 채취하는 진짜 옻나무가 아닌 데서 유래된 이름이다. 북한 이름은 옻나무보다 털이 많다고 해서 털옻나무라 한다.

ㄱ

개잎갈나무 *(Cedrus deodara)*

소나무과

♣ 개화기 : 10월

히말라야 북서부와 아프가니스탄 원산의 낙엽침엽교목으로, 종자는 다음해 9~10월에 익는다. 잎갈나무와 외모가 비슷하지만 상록수로 잎갈나무가 아니라는 뜻에서 유래된 이름이다. 일명 '히말라야시다' 라고도 하는데, 이는 원산지가 히말라야인 데서 유래된 이름이다. '설송' 이라는 이름으로도 불린다.

갯버들

(Salix gracilistyla)

♣ 개화기 : 3~4월

버드나무과

전국에 걸쳐 표고 100~800m 사이의 냇가 저습지에 자생하는 낙엽활엽관목이다. 암수딴그루의 특징을 가져 종자는 암그루에서만 4~5월에 열린다. 갯버들은 '갯+버들' 로 이루어진 이름으로, 식물 이름에서 접두사 '갯' 은 바닷가나 냇가에서 서식하는 식물류를 나타내는 데 쓰인다. 갯버들의 경우는 이 나무가 주로 개울가에서 자라는 버드나무라는 뜻에서 유래된 것이다.

ㄱ

ㄱ

거제수나무 *(Betula costata)* 자작나무과

♣ 개화기 : 5~6월

중부 이북의 표고 600~2,100m에 자생하는 낙엽활엽교목으로, 수피가 흰색으로 종이처럼 벗겨지는 자작나무의 특성을 가지고 있다. 열매는 9~10월에 익으며 수액은 약용으로도 이용한다. 거제수나무는 이른 봄 나무의 수액(樹液)을 채취하여 약용으로 사용하는 대표적인 나무의 한 종류로, 예부터 재앙을 쫓아내는 힘이 있는 물을 가지고 있다 해서 '거재수(去災水)'라는 이름이 붙었고, 이것이 거제수나무로 변했다 한다. 그런데 재앙은 수재(水災)라는 설과 병(病)이라는 설이 있는데, 이 나무가 수재를 막아주는 역할을 하고, 또 병을 예방하거나 치료하는 수액을 가지고 있다는 점에서 어느 것이 맞는지 명확하지 않다.

검은재나무 *(Cymplocos prunifolia)*

노린재나무과

♣ 개화기 : 5월

제주도에만 자생하는 희귀수종인 상록활엽소교목으로, 가을에 열매가 검은색으로 익는다. 검은재나무는 일본 이름에서 유래된 것으로 '검은+재+나무'의 합성어이다. '검은'은 이 나무의 수피(樹皮)와 열매가 검은빛을 띠는 데서 유래된 것이며, '재'는 이 나무의 잎이나 가지를 태운 재를 회색의 염료로 이용한 데서 유래된 것이다. 검은재나무와 같은 과의 노린재나무는 열매가 벽색(碧色)으로 익으며, 단풍 든 잎을 태우면 노란색의 '재'를 남기는데, 이 재는 천연염료나 천연염색시 매염재로 많이 이용된다.

겨우살이 *(Viscum album var. coloratum)* 겨우살이과

♣ 개화기 : 2~3월

ㄱ

참나무류나 팽나무, 오리나무류, 밤나무 및 자작나무 등의 줄기와 가지에 붙어서 기생하는 상록활엽관목이다. 열매는 둥근 모양의 황색이고 10월에 익는다. 겨우살이의 구성은 '겨우+살이' 로 낙엽이 져버린 기주(寄主)나무에서 겨울을 상록으로 지내므로 겨울살이가 겨우살이로 변한 데서 유래되었다는 설과, 겨우겨우 살아간다는 뜻에서 유래되었다는 설이 있다. 어느 것이나 동사 어간인 '살' 이 나무 이름의 구성 요소의 일부로 참여하고 있다. '~살이' 는 일반어에서도 살림살이, 시집살이 등에서 확인할 수 있듯이 파생접사로서 활발하게 쓰이는 말이다. 다른 이름에는 기생목(寄生木)과 동청(凍青)이 있다. 기생목은 참나무류, 버드나무류, 팽나무, 밤나무, 자작나무와 같은 일부 활엽수에 뿌리를 내려 기생한 데서 유래된 것이며, 동청은 겨울에도 얼지 않고 푸른 데서 유래된 것이다.

겨울딸기 *(Rubus buergeri)*

장미과

♣ 개화기 : 8~10월

제주도의 표고 700m 이하의 수풀 속에서 자라는 덩굴성 낙엽관목이다. 꽃은 백색으로 피며, 열매는 겨울에 붉은색으로 익는다. 이 때문에 딸기나무 종류로 열매가 가을부터 겨울에 걸쳐서 익는다는 데서 겨울딸기라는 이름이 붙었다.

계수나무 *(Cercidiphyllum japonicum)*

계수나무과

♣ 개화기 : 5월

일본 원산의 낙엽활엽교목으로 종자는 8월에 익는다. 계수나무는 일본 이름 계(桂) 및 계수(桂樹)에서 유래된 것이다. 계(桂)라고 하면 중국 이름 중에도 있지만 이것은 목서(木犀)를 지칭하는 것이며, 우리나라에서 가리키는 계수나무의 중국 이름은 연향수(連香樹)이다.

계요등 *(Paederia scandens)*

꼭두서니과

♣ 개화기 : 7~8월

중부 이남의 표고 160~350m 사이에서 자라는 낙엽활엽덩굴나무이다. 열매는 둥근 모양이며 황갈색으로 9~10월에 익는다. 계요등(鷄尿藤)은 계요와 등의 합성어이다. 계요는 식물에서 심한 악취가 나므로 이것을 계요(鷄尿, 닭오줌)에 비유한 데서 유래된 것이며, 등(藤)은 이 나무가 등나무처럼 덩굴을 이루고 있는 데서 유래된 것이다.

ㄱ

고로쇠나무 *(Acer mono)*

단풍나무과

♣ 개화기 : 4~5월

전국의 표고 100~1,800m에서 자생하는 낙엽활엽교목으로, 종자는 9~10월에 익는다. 전남 광양, 구례 등에서 이른 봄에 수액을 채취하는 나무로 유명하다. 고로쇠나무는 골리수(骨利樹) 또는 골리목(骨利木)에서 유래되었다는 설이 있다. 어느 것이나 이 나무의 수액을 채취하여 마시면 뼈(骨)에 좋은(利) 나무(樹, 木)라는 뜻에서 유래된 것이다.

고욤 *(Diospyros lotus)*

감나무과

ㄱ

♣ 개화기 : 5~6월

전국에 분포하는 낙엽활엽교목이다. 꽃은 노란색으로 피고 암수딴그루의 특성을 가지며, 열매는 10월에 노란색에서 검은색으로 익는다. 고욤은 감(柹)의 재래종이라 할 수 있다. 고욤은 고옴으로 소급된다. 옴 접미사가 붙을 때는 앞에 있는 말음이 폐음절어였을 경우가 된다. 즉 '곧→골→골옴→고욤'의 변화일 것이다. 경북 영천의 방언에 꼴감(고욤)이 있다. 꼴감의 꼴은 골로 소급되며, 골이 고욤의 고형임을 보여준다.

ㄱ

고추나무 *(Staphylea bumalda)*

고추나무과

♣ 개화기 : 5~6월

전국의 표고 100~500m 사이의 계곡이나 산록에서 자라는 낙엽활엽관목으로, 꽃은 흰색이며 열매는 9~10월에 익는다. 고추나무라는 이름은 이 나무의 잎 모양이 고춧잎과 비슷한 데서 유래된 것이다. 고추는 고초(苦椒)가 고쵸→고초→고추로 바뀐 것으로, 《훈몽자회(訓蒙字會)》에서 고(苦)는 불이 붙을 것 같은 자극 있는 맛 때문에, 초(椒)는 불기가 치솟는 것 같이 맵기 때문이라고 풀이되어 있다.

골담초 *(Caragana sinica)* 콩과

♣ 개화기 : 5월

중국 원산으로 우리나라에서는 중부 이남에서 자라는 낙엽활엽관목이다. 꽃은 노란색이며 열매는 8~10월에 익는다. 이름의 유래는 이 식물의 뿌리가 생약으로 골담(骨痰)에 잘 듣는 초(草)라는 뜻에서 골담초(骨痰草)가 되었고, 이것이 골담초(骨擔草)로 되었다고 한다.

ㄱ

곰솔 *(Pinus thunbergii)*

소나무과

♣ 개화기 : 5월

중부 이남의 바닷가나 해풍의 영향이 미치는 곳에 자생하는 상록침엽교목으로, 열매는 다음해 9월에 익는다. 곰솔이라는 이름은 잎이 억세어 곰털 같다고 한 데서 유래되었다는 설도 있지만, 검은 소나무라는 뜻에서 유래된 것으로 추정된다. 즉 곰이란 말의 처음 형태는 '거머(검)' 이다. 거머는 곰이 검은색을 가진 동물인 데서 유래된 것이다. 거머는 '고모→곰' 으로 변해 오늘날에는 일반적으로 동물 곰을 가리키는 말로만 쓰이지만 옛말에는 '검다' 라는 뜻의 접두어로도 쓰였기 때문이다. 그러므로 곰솔은 흑송(黑松)이 검솔을 거쳐 곰솔로 된 것으로, 나무 껍질이 검은색인 데서 유래된 것으로 추정된다.

ㄱ

구기자나무 *(Lycium chinense)* 가지과

♣ 개화기 : 8~10월

전국의 표고 100~700m 사이의 마을 주변에서 야생 상태로 재배되는 낙엽활엽관목이다. 꽃은 자주색으로 피고, 열매는 붉은색으로 10~11월에 익으며 약용으로 사용한다. 구기(枸杞)는 중국 이름에서 유래된 것이다. 구(枸)는 탱자(나무)로 가시가 있는 것을 나타내고, 기(杞)는 고리버들로 이 나무의 모양을 고리버들에 비유한 것이다. 즉 구기자나무는 탱자나무와 고리버들을 합한 것과 같은 식물이라는 데서 유래된 이름이다.

ㄱ

구상나무 *(Abies koreana)*

소나무과

♣ 개화기 : 4월

한국에만 자생하는 특산나무이다. 표고 700~1,950m에 자생하는 상록침엽교목으로, 열매는 10월에 익는다. 구상나무는 바늘 모양(針狀)의 돌기가 갈고리 모양(鉤狀)으로 생긴 데서 유래된 것이다. 세계적으로 가장 비싼 크리스마스 트리용으로 팔리고 있다.

ㄱ

구실잣밤나무 *(Castanopsis cuspidata var. sieboldii)* 참나무과

♣ 개화기 : 6월

완도, 제주도 등 남부지역의 표고 700m 이하 산기슭에서 자라는 상록활엽교목으로, 열매는 다음해 10월에 익는다. 구실잣밤나무는 '구실자+밤나무'의 합성어이다. 구실자(球實子)는 이 나무의 열매가 구슬처럼 둥그스름한 열매라는 뜻에서 유래된 것이며, 밤은 열매의 맛이 밤과 비슷한 데서 유래된 것이다.

ㄱ

국수나무 *(Stephanandra incisa)* 장미과

♣ 개화기 : 5~6월

전국의 산야에 자생하는 낙엽활엽관목이다. 꽃은 연한 황색으로 피며, 종자는 9월에 익는다. 국수나무라는 이름은 줄기 속에 국수 같은 수(pith)가 들어 있는 데서 유래된 것이다. 즉, 옛날 아이들이 이 나무의 줄기에서 속을 뽑아 소꿉놀이를 할 때 국수라고 하며 놀았던 데서 유래된 것이다.

굴참나무 *(Quercus variabilis)*

참나무과

♣ 개화기 : 5월

전국의 표고 50~1,200m에 걸쳐 남향의 산중턱과 기슭에서 자라는 낙엽활엽교목으로, 열매인 도토리는 다음해 10월에 익는다. 굴참나무는 나무 껍질이 두꺼워 코르크 재료로 이용하는데 세로로 골이 파져 있다. 이 때문에 골이 파인 참나무라는 뜻에서 골참나무라고 부르던 것이 굴참나무로 변한 것으로 추정된다.

ㄱ

ㄱ

금목서 *(Osmanthus fragrans)* 물푸레나무과

♣ 개화기 : 9~10월

중국 원산이며 산지에서 주로 자라는 상록활엽관목으로, 열매는 다음해 3~4월에 익는다. 금목서는 중국 이름 '금목서(金木犀)'를 차용한 이름으로, 금은 황갈색(金)의 꽃에서, 목서는 나무(木)의 껍질을 동물의 뿔(犀)에 비유한 데서 유래된 것이다.

금송 *(Sciadopitys verticillata)*

낙우송과

♣ 개화기 : 5월

상록침엽교목으로, 일본 특산식물이며 일본에서는 황실의 나무라고 할 정도로 소중하게 여기는 식물이다. 금송은 중국 이름 '금송(金松)' 에서 유래된 것이다. 소나무 종류로 잎뒷면이 황백색을 띠는 데서 유래된 이름이다. 북한 이름은 금솔이다.

까치밥나무 *(Ribes mandshuricum)* 범의귀과

♣ 개화기 : 5~6월

경남 지리산, 전북 덕유산, 강원 이북에 자생하는 낙엽활엽관목이다. 키는 2m 정도 자라고 꽃은 녹황색으로 피며, 열매는 7~8월에 적색으로 익는다. 까치밥나무는 까치밥이라는 열매는 있지만 밥나무와 같은 식물은 존재하지 않으므로, 이름의 구성은 '까치밥+나무'와 같이 분석할 수 있다. 그러므로 이름의 유래는 까치밥(오디)이라는 열매가 열리는 이 나무에서 찾아볼 수 있다. 또 이 나무의 열매를 까치가 잘 먹는 데서 유래된 이름이라고도 할 수 있다.

꼬리조팝나무 *(Spiraea salicifolia))* 장미과

♣ 개화기 : 6~8월

중부 이북의 표고 200~1,200m에 자생하는 낙엽활엽관목으로, 꽃은 연분홍색이며 열매는 9월에 익는다. 꼬리조팝나무는 '꼬리+조팝나무'의 형태로 구성된 이름인데, 꼬리는 큰 원추형으로 발달하는 이 나무의 꽃차례 모양이 짐승의 꼬리를 닮은 데서 유래된 것이다. 조팝나무라는 이름은 이 나무가 조팝나무의 한 종류인 데서 유래된 것이다. 한편 꼬리조팝나무 외에 '꼬리'가 접두사로 사용된 이름에는 꼬리겨우살이, 꼬리까치밥나무, 꼬리말발도리, 꼬리진달래가 있는데, 모두 꽃차례를 짐승의 꼬리에 비유한 데서 유래된 것이다.

◀꼬리조팝나무

ㄱ

꽃개오동 (*Catalpa bignonioides*) 능소화과

♣ 개화기 : 6월

1905년 평북 선천(宣川)에 있는 선교사가 도입한 북아메리카 원산의 낙엽활엽교목으로, 열매는 10월에 익는다. 꽃개오동은 꽃과 개오동의 합성어로 개오동 무리 중에서 꽃이 가장 아름다운 데서 유래된 것이다. 즉 꽃은 백색으로 통부 옆면에 2개의 황색 선이 있고, 안쪽에 자갈색 반점이 있는데 매우 아름답다. 꽃개오동 외에 꽃이 접두사로 사용된 나무 이름에는 꽃개회나무, 꽃댕강나무, 꽃싸리, 꽃아그배나무, 꽃아카시아 등이 있으며, 대부분 기본 종에 비해 꽃이 아름답다는 뜻에서 유래된 이름이다.

ㄱ

꽝꽝나무 *(Ilex crenata)*

감탕나무과

♣ 개화기 : 6~7월

변산반도, 거제도, 보길도, 제주도에 분포하는 상록활엽관목이다. 암수딴그루이며 꽃은 백색이고 열매는 검은색으로 10월에 익는다. 꽝꽝나무는 가지가 치밀하며 잎이 밀생해 있다. 이 때문에 꽝꽝나무라는 이름은 방언의 '꽝꽝하다(단단하다)' 에서 유래된 것으로 추정된다. 잎이 두꺼워 불 속에 던져넣으면 타면서 꽝꽝 하는 소리가 난다는 데서 유래된 이름이라는 설도 있다.

L

나도밤나무 *(Meliosma myriantha)* 나도밤나무과

♣ 개화기 : 6월

중부 이남의 표고 150~700m에서 자생하는 낙엽활엽소교목으로, 꽃은 백색이고 둥근 모양의 열매가 9~10월에 익는다. 나도밤나무는 '나도+밤나무' 형태로 이루어진 이름이다. 나무 이름에서 '나도'는 '나'가 단독형으로 나무 이름을 구성하는 경우는 없고 '대명사+조사'의 단위가 이름을 구성한 것이다. '나도'는 비슷하다는 것을 나타내는 앞붙이 말이므로 밤나무와 비슷하다는 뜻이다. 그러므로 나도밤나무는 밤나무와 비슷하게 생긴 나무의 하나이다. 북한 이름은 나도합다리나무이다.

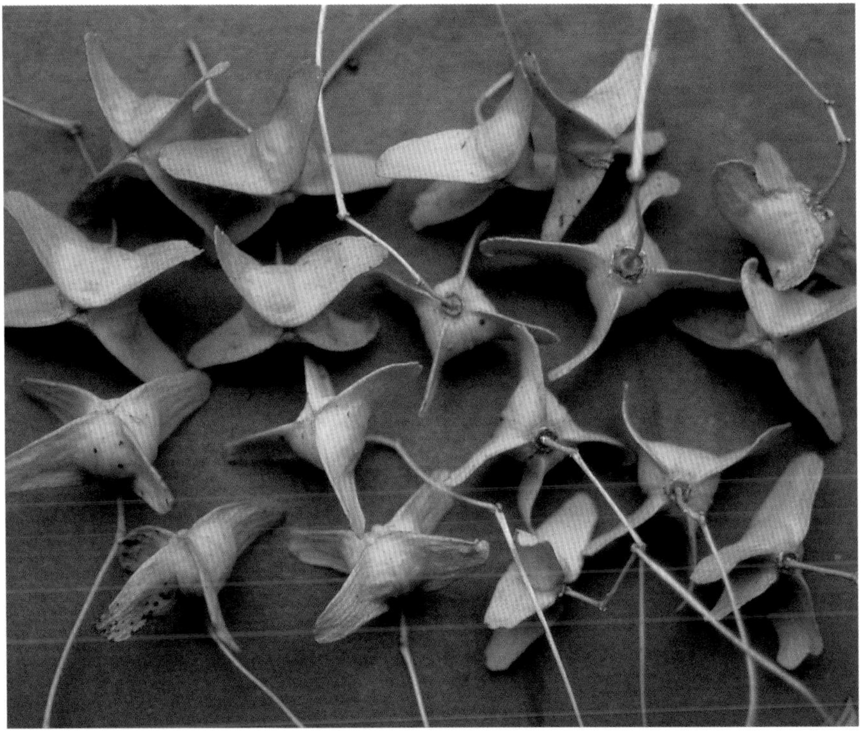

나래회나무 *(Euonymus macropterus)* 노박덩굴과

♣ 개화기 : 6~7월

전국의 표고 200~1,900m에서 자생하는 낙엽활엽관목이다. 꽃은 녹색이고 열매는 붉은색으로 9~10월에 익는다. 나래회나무는 나래와 회나무의 합성어이다. 나래는 4개로 갈라진 열매의 끝이 선풍기 날개처럼 되어 있는 데서 유래된 것이고, 회나무는 이 나무가 회나무의 일종인 데서 유래된 것이다.

낙상홍 *(Ilex serrata)*

감탕나무과

♣ 개화기 : 3~5월

일본 원산의 낙엽활엽관목으로, 열매는 9~11월에 붉게 익는다. 이름은 중국 이름 낙상홍(落霜紅)을 차용한 것이다. 낙상홍은 늦여름부터 가을에 걸쳐 빨갛게(紅) 익은 열매가 서리(霜)가 내릴 때(落)까지 붙어 있는 데서 유래된 이름이다.

낙우송 *(Taxodium distichum)*

낙우송과

♣ 개화기 : 4월

북아메리카 남부가 원산이며, 1920년경에 도입된 낙엽침엽교목으로 열매는 9월에 익는다. 낙우송은 일본 이름 낙우송(落羽松)을 차용한 것으로, 소나무(松) 같은 잎이 깃털(羽)처럼 떨어지는(落) 데서 유래된 이름이다. 보통 침엽수는 낙엽이 지지 않는 데 비해 낙우송은 침엽수이면서도 낙엽이 지는 특이한 나무인데, 이것이 이름에 반영된 것이다.

남천 *(Nandina domestica)* 매자나무과

♣ 개화기 : 6~7월

일본, 중국, 인도 자생의 상록활엽관목으로 3m까지 자란다. 꽃은 흰색으로 피며 열매는 10월에 붉게 익는다. 중국 이름 남천촉(南天燭) 및 남천죽(南天竹)에서 유래된 이름이다. 남천촉에서 남천(南天)은 중국의 중부 이남 지역(南天)에서 자생한다고 해서 붙여졌으며, 촉(燭)은 열매가 불에 타는 것과 같이 빨갛기 때문에 붙여졌다. 죽(竹)은 남천의 곧게 자란 줄기가 대나무 같은 데서 유래된 것이다.

너도밤나무 *(Fagus japonicus)* 참나무과

♣ 개화기 : 5월

울릉도 특산인 낙엽활엽교목으로, 열매는 10월에 익는다. 너도밤나무는 형태적으로 밤나무와 다소 유사한 데서 유래된 것으로 생각된다. 이는 나도밤나무와 비슷한 유형이다. 그런데 식물 이름에 '나도'와 '너도'가 자주 사용되는데, 나도밤나무(나도밤나무과)와 너도밤나무(참나무과)처럼 식물학상에서 동일한 과에 속하는 식물 부류를 지칭한다든가 하는 공통점은 별로 나타나지 않는다. 또 '너도'가 접두사로 사용된 이름에는 대부분 그에 대응되는 '나도'가 접두사로 사용된 이름이 있는 반면, '나도'가 접두사로 참여한 이름 중에는 이에 대응되는 '너도'가 접두사로 사용된 이름은 많지 않다. 그러므로 '너도'는 기준이 되는 식물과 외형상 유사점이 있는 것과 함께 '나도'에서 유추된 것으로 추정된다. 결국 너도밤나무는 나도밤나무를 전제로 해서 밤나무와 유사하다는 뜻에서 유래된 이름인 것으로 추정된다.

◀남천

ㄴ

노각나무 *(Stewartia koreana)*

차나무과

♣ 개화기 : 6~7월

충남 이남의 표고 200~1,200m에 자생하는 한국 특산의 낙엽활엽교목으로, 열매는 10월에 익는다. 노각나무라는 이름은 사슴(鹿)의 뿔(角)처럼 보드랍고 황금빛을 가진 아름다운 수피라는 뜻에서 녹각(鹿角)나무라고 하다가, 발음이 쉬운 노각나무로 바뀐 것이다. 나무 껍질은 모과나무, 배롱나무과 같이 껍질이 벗겨져 붉은 황색 얼룩무늬가 있는데, 이 때문에 금수목 또는 비단나무라 불리기도 한다.

노간주나무 *(Juniperus rigida)*

측백나무과

♣ 개화기 : 5월

우리나라 전국 산야에 자생하는 상록침엽소교목이다. 열매는 다음해 10월에 흑자색으로 익는데 산새들이 좋아한다. 뿐만 아니라 열매를 양주의 향료용이나 약용으로 이용하기도 한다. 노간주나무라는 이름은 노가자목(老柯子木)이 변한 데서 유래된 것으로 추정된다. 다른 이름에는 코뚜레나무와 노가자나무가 있다. 코뚜레나무는 이 나무를 소의 코뚜레로 많이 사용한 데서 연유된 것이다. 노가자나무는 경기도 지역에서 많이 부르던 이름인데 그 유래는 명확하지 않다. 다만 이 나무의 특성이 가지가 거의 없이 하늘을 향해 곧게 뻗으며 줄기는 질겨 소코뚜레, 도리깨발, 도장, 지팡이, 도끼자루 재료로 많이 사용된 점에서 유래된 것으로 추정된다. 즉 노가자(老柯子)의 한자 풀이는 늙을 노(老), 도끼자루 가(柯) 및 가지 가(柯), 아들 자(子)이기 때문이다. 중국 이름은 두송(杜松)이며, 북한 이름은 노가지나무이다.

ㄴ

노린재나무 *(Symplocos chinensis for. pilosa)* 노린재나무과

♣ 개화기 : 5월

전국 산야의 표고 1,950m까지 자라는 낙엽활엽관목으로, 꽃은 흰색으로 피고 열매는 남색으로 9월에 익는다. 노린재나무는 가을에 단풍이 든 잎을 태우면 노란 재를 남기는 데서 유래된 이름이라는 설이 있다. 그런데 노린재나무 종류 중 검노린재나 검은노린재나무는 단풍이 든 잎을 태운 재의 색깔보다는 열매가 흑색으로 익는 특성에서 이름이 유래된 것으로 추정되므로, 열매가 벽색(碧色)으로 익는 노린재나무의 이름 유래에 대해서는 보다 상세한 연구가 있어야 할 것으로 생각된다.

노박덩굴 *(Celastrus orbiculatus)* 노박덩굴과

♣ 개화기 : 5월

전국 산야의 표고 100~1,300m 사이에서 자생하는 낙엽활엽덩굴나무로 암수딴그루이다. 꽃은 연두색이며, 암그루에 달리는 열매는 10월에 붉게 익는다. 어린 잎은 식용, 열매는 기름용, 수피는 섬유용, 열매 달린 덩굴은 꽃꽂이용으로 사용한다. 노박덩굴이라는 이름은 이 식물이 덩굴성으로 줄기가 길 위에까지 뻗쳐나와 길(路)을 가로막는 덩굴이라는 뜻에서 유래되었다는 설이 있다. 즉 길을 가로막는 노박폐(路泊廢)덩굴이라고 부르던 것이 줄여서 노박덩굴이 된 것으로 추정된다.

누리장나무 *(Clerodendron trichotomum)* 마편초과

♣ 개화기 : 8월

황해도 이남의 표고 100～1,600m에서 자생하는 낙엽활엽소교목으로, 열매는 남색이며 10월에 익는다. 누리장나무는 나무 근처에만 가도 누린내가 나는 데서 붙여진 이름인데, 냄새는 주로 잎 뒤에 있는 희미한 선점(腺點) 때문에 난다. 한자 이름도 냄새가 나는 오동나무라는 뜻에서 취오동(臭梧桐)인데, 이는 이 나무의 잎이 오동나무 잎과 비슷하고 냄새가 나기 때문이다.

이른 봄에 돋아나는 어린잎이나 싹은 나물로 이용되는데, 식물체이면서도 특이하게도 고기냄새가 난다. 그래서 일본에서는 이 나무의 어린 싹을 봄철의 가장 맛있는 산채로 꼽고 있다. 또 어린잎은 찹쌀을 발라 부각을 만들어 기름에 튀겨 먹기도 한다. 다른 이름에는 개나무, 구릿대나무, 노나무 등이 있는데, 냄새가 고약한 것과 관련이 있다.

ㄴ

느티나무 *(Zelkova serrata)* 느릅나무과

♣ 개화기 : 4~5월

전국에 자생하며, 가을에 노랗고 빨갛게 물드는 단풍이 매우 아름다운 낙엽활엽교목이다. 정자목으로 가장 많이 쓰이는 나무로 괴목이라고도 부른다. 열매는 10월에 익는다. 느티나무라는 이름은 노랗다는 뜻에서 유래된 것이다. 즉 노랗다, 누렇다(黃)의 눌이 눋으로 변한 다음 여기에 나모가 더해져 눋티나모가 되었고, 이것이 '누튀나모→느틘나모→느티나무' 로 변한 것이다. 북한 이름은 정자나무이다.

능금나무 *(Malus asiatica)*

장미과

♣ 개화기 : 4~5월

강원도, 황해도의 표고 100~700m에서 자생하는 낙엽활엽소교목이다. 꽃은 연한 홍색으로 작게 피며, 열매는 7~8월에 익는데 사과와 비슷하지만 그보다 작으며 관상용, 식용으로 이용된다. 능금이라는 이름은 이 나무의 중국 이름 임금(林檎)이 전화(轉化)된 것이다. 임금(林檎)이라는 이름은 이 나무의 열매가 맛이 좋아 이 나무 숲(林)에 새(禽)들이 모인 데서 유래된 것이다.

능소화 *(Campsis grandiflora)* 능소화과

♣ 개화기 : 8~9월

중국 원산의 낙엽활엽덩굴성 식물로, 가지에 흡판이 있어 벽이나 나무 줄기를 타고 올라간다. 꽃은 주황색으로 피고 열매는 10월에 익는다. 능소화라는 이름은 중국 이름 능소화(陵霄花)를 차용한 것이다. 능소화에서 능(陵)은 업신여길 능, 능가할 능이고, 소(霄)는 하늘 소이다. 그러므로 덩굴이 나무에 달라붙어 하늘을 향해 높게 오르는(凌) 특성에서 유래된 이름이다.

다른 이름에는 금등화, 양반나무가 있다. 금등화(金藤花)라는 이름은 이 나무가 황색 꽃이 피는 덩굴성 식물 혹은 황색 꽃이 피는 등나무라는 뜻에서 유래된 것이다. 양반나무라는 이름은 능소화 외에도 대추나무, 배롱나무에서도 쓰이는데, 이들 나무의 공통점은 추위에 약해 봄철에 새싹이 다른 나무에 비해 늦게 나온다. 즉 동작이 느림(싹이 늦게 나오는 특성)을 양반에 비유한 데서 유래된 이름이다.

ㄷ

다래나무 *(Actinidia arguta)* 다래나무과

♣ 개화기 : 5월

전국의 표고 1,600m 이하에서 자라는 낙엽활엽덩굴성 나무로, 암수딴그루이다. 꽃은 흰색으로 피며, 열매는 암그루에 황록색으로 10월에 익는다. 다래는 두메산골의 전경과 정서를 나타내는 열매인 것과 관련하여 일찍부터 우리 선조들이 노래에서 많이 불러왔다. 고려시대의 시가인 〈청산별곡〉에서 '살어리 살어리랏다 청산에 살어리랏다. 멀위랑 다래랑 먹고 청산에 살어리랏다' 라고 한 데서도 잘 알 수 있다.

다래란 말은 맛이 달다고 할 때의 '달' 에 명사 초성의 뒤붙이 '애' 가 붙어서 이루어진 말이다. 즉, '달~애' 에서 ㄹ 받침이 내려 읽히면서 다래가 되었다. 다래의 중국 이름은 영(𡞰), 영조(𡞰棗), 등리(藤梨), 양도(羊桃) 등 여러 가지가 있다.

한편, 최근 참다래라는 것이 유통되고 있는데 이것은 영어 이름 키위(kiwi fruit)에 대한 우리나라 이름이다. 키위는 1974년에 뉴질랜드에서 도입된 것으로, 당시에는 서양에서 도입된 다래라는 뜻에서 '양다래' 란 이름으로 통용되었다. 그런데 국내에서 생산되는 다래인 데도 접두어 '양' 자가 사용되다 보니 수입 과일이라는 이미지가 강하게 들었고, 소비자에게도 다소 거부감이 있었다. 그래서 우리나라에 자생하는 다래와 비슷하면서도 굵고 맛이 좋다는 뜻에서 1997년에 '참다래' 로 개칭하여 현재에 이르고 있다. 현재 한국원예학회를 비롯하여 대부분의 학회에서는 참다래를 공식 명칭으로 사용하고 있다.

ㄷ

다정큼나무 *(Rhaphiolepis umbellata)*

장미과

♣ 개화기 : 4~6월

완도, 추자도 등 남부 도서지방의 표고 700m 이하에서 자생하는 상록활엽관목으로, 열매는 10~11월에 익는다. 다정큼나무는 가지가 끝에서 여러 개 모여 다정하게 크는 나무라는 뜻에서 유래된 이름으로 추정된다. 다른 이름에는 다정금나무, 쪽나무 등이 있다. 다정금나무는 열매가 정금나무와 닮은 데서 유래된 것으로 추정된다. 쪽나무는 이 나무의 검푸른 열매를 쪽풀과 같이 청색염료로 이용한 데서 유래된 것이다. 즉, 다정큼나무의 열매에는 쪽 색소인 인디고(Indigo)라는 색소를 갖고 있어서 쪽염료 대용으로 사용한 데서 유래된 것이다.

ㄷ

닥나무 *(Broussonetia kazinoki)*

뽕나무과

♣ 개화기 : 5~6월

전국의 표고 100~700m에서 자생하는 낙엽활엽관목으로, 열매는 10~11월에 익는다. 닥나무는 이 나무의 줄기를 꺾으면 딱 하는 소리를 내기 때문에 처음에는 딱나무라 불리던 것이, 나중에 닥나무가 된 것으로 추정된다. 한자로는 저목(楮木)이라 하는데 여기서 저(楮)는 한지를 말하기도 한다.

단풍나무 *(Acer palmatum)*

단풍나무과

♣ 개화기 : 4~5월

표고 100~1,600m 사이에서 자생하는 낙엽활엽교목으로, 열매는 9~10월에 익는다. 가을에 잎이 붉게 물들기 때문에 단풍(丹楓)이라는 이름이 붙었다. 중국에서는 단풍나무를 축수(槭樹) 또는 풍수(楓樹)로 표현하고 있으나 축수를 많이 쓰는 편이다. 축수의 '축' 자는 색이라고도 발음한다. 색색이라고 하면 나뭇잎 떨어지는 소리를 표현한 것이고, 색연이란 나뭇잎이 떨어진 뒤의 쓸쓸한 모습을 표현한 것이다. '풍(楓)' 자도 간혹 쓰고 있는데 흔히 볼 수 있는 신나무를 풍수라고 한다. 옛날 우리나라에서는 신나무를 단풍이라고 부르기도 했는데 요즘은 전혀 다른 종에 적용하고 있다.

중국 단풍을 중국에서는 삼각풍이라 하는데 최근에 출판된 문헌에서 '풍' 자가 들어 있는 것은 풍수와 삼각풍뿐이고 나머지는 전부 '축' 자로 표현하며, 북쪽에서 흔히 자라는 당단풍은 자화축(紫花槭) 또는 가색목(假色木)이라 부른다. 가색목은 흔히 우리나라에서 말하는 가짜 색목이라는 뜻이며, 색목(色木)은 고로쇠나무를 가리킨 것이다.

담쟁이덩굴 *(Parthenocissus tricuspidata)* 포도나무과

♣ 개화기 : 6~7월

전국의 돌담이나 바위 또는 나무 줄기에 붙어서 자라는 낙엽활엽덩굴나무로, 꽃은 황록색으로 피고 열매는 검은색으로 8~10월에 익는다. 담쟁이덩굴은 '담+쟁이+덩굴'로 이루어진 이름이다. 담은 집의 둘레나 일정한 공간을 둘러막기 위해 돌이나 흙, 벽돌 등으로 높이 쌓아올린 것이다. 쟁이는 '쟁이다→재이다'에서 온 말로, 어떤 물건을 차곡차곡 가리거나 쌓아두는 것을 나타낸다. 덩굴은 뻗어나가 다른 물건에 감기기도 하고 땅바닥에 기어 퍼지기도 하는 식물의 줄기를 말한다. 그러므로 이 식물의 줄기가 담장이나 돌담에 뻗어 올라가며, 잎이 차곡차곡 쌓아올리듯이 붙는 성질에서 유래된 이름으로 해석할 수 있다. 한편으로 쟁이는 아주 질기게 외길을 가는 사람, 무엇인가를 잘하는 사람을 비유하는 말로도 쓰이므로, 담을 잘 탄다 해서 붙여진 이름일 수도 있다. 별명으로 돌담장이, 담장넝쿨 등이 있으며, 북한에서는 담장이덩굴이라고 한다.

대추나무 *(Zizyphus jujuba var. inermis)* 갈매나무과

ㄷ

♣ 개화기 : 6월

추운 고산지대를 제외한 전국의 표고 500m 이하에서 자라는 낙엽활엽교목이다. 전국 각지에서 재배하며, 꽃은 연한 황록색으로 피고 열매는 적갈색으로 10월에 익는다. 대추나무는 중국 이름이 대조목(大棗木)으로, 대조(大棗)에서 조(棗)는 중국어 음이 Tsao로 발음된다. 이것이 '대취→대추'로 변한 것으로 추정된다. 중국 이름 대조(大棗)에서 조(棗)는 나무에 가시가 돋은 데서 유래된 것으로, 이 글자를 이루는 두 글자를 옆으로 놓으면 가시 '극(棘)' 자가 된다. 대추를 뜻하는 일본 이름은 여름 싹이라는 뜻의 하아(夏芽)로 초여름이 되어야 싹이 나오는 데서 유래된 것이다. 우리나라에서는 양반나무라는 이름이 있는데, 이는 대추나무의 싹이 늦게 나오는 특성을 양반에 비유한 것이다.

ㄷ

대팻집나무 *(Ilex macropoda)*

감탕나무과

♣ 개화기 : 5월

속리산과 계룡산 이남의 표고 1,300m 이하에서 자생하는 낙엽활엽소교목이다. 암수딴그루이며, 꽃은 백록색으로 피고 열매는 10월에 붉게 익는다. 대팻집나무는 '대팻집+나무' 형태로 이루어진 이름으로, 대패는 나무의 표면을 반반하고 곱게 깎는 연장을 가리킨다. 이 나무의 목재가 치밀하고 무거우며, 건조 후에도 갈라지지 않아 대팻집을 만드는 데 사용된 데서 유래된 이름이다.

댕강나무 *(Abelia mosanensis)* 인동과

♣ 개화기 : 5월

평남 맹산과 성천 지역에서 자생하는 낙엽활엽관목이다. 꽃은 흰색이고 열매는 9월에 익는다. 댕강나무라는 이름은 가지를 꺾으면 댕강댕강 잘 부러진다는 데서 유래되었다는 설이 있지만, 식물도감에는 꽃이 가지 끝에 여러 개 모여 매달린 데서 유래된 이름이라고 나와 있다.

ㄷ

돈나무 *(Pittosporum tobira)*

돈나무과

♣ 개화기 : 5~6월

도서지방의 표고 700m 이하 산기슭에서 자생하는 상록활엽관목이다. 꽃은 흰색에서 노란색으로 되며, 열매는 10~12월에 붉은색으로 익는다. 나무에서는 전체적으로 고약한 냄새가 나고 열매는 끈적끈적하고 달콤한 액체를 분비하는데, 여기에 각종 곤충과 파리 떼가 날아와서 지저분해진다. 그 때문에 제주도에서는 똥낭, 즉 똥나무라는 이름이 붙여졌으며, 이것이 변하여 돈나무가 되었다는 설이 있다.

ㄷ

돌배나무 *(Pyrus pyrifolia)* 장미과

♣ 개화기 : 4~5월

중부 이남 각지에서 자라는 낙엽활엽관목이다. 꽃은 흰색이고 열매는 다갈색으로 10월에 익는다. 접두사 '돌~'은 사전에서 '품질이 낮은' 혹은 '산에서 절로 자라는' 이라는 의미가 기본적으로 명시되어 있다. 그러므로 '돌+배나무'로 구성된 돌배나무도 품질이 낮거나 산에서 절로 자라는 배나무라는 뜻일 것이다. 실제로 돌배나무의 열매는 작고 보잘것없다. 또 산에서 자라지만 일반적으로는 야생하는 돌배나무류의 총칭에서 유래된 것이다. 북한 이름은 산배나무이다.

동백나무 *(Camellia japonica)* 차나무과

♣ 개화기 : 2~4월

ㄷ

주로 남쪽 해변에 분포하는 상록활엽소교목으로, 꽃은 붉은색이며 열매는 10월에 익는다. 동백은 冬柏(동백) 또는 楝柏(동백)을 표음한 것이다. 동백(冬柏)은 한자 이름이지만 우리나라에서만 사용하는 이름이다. 중국 이름은 해석류(海石榴), 산다(山茶), 해홍화(海紅花)이며, 일본 이름은 춘(椿)이다. 일본 이름 춘(椿)은 나무(木)와 봄(春)의 합성어로, 봄에 꽃이 피는 나무라는 뜻에서 유래된 것이다.

우리나라에서는 겨울에 꽃이 핀다 하여 동백(冬柏)이라는 이름이 붙었고, 봄에 피는 것은 춘백(春柏)이라는 게 일반적인 설이다. 그렇다면 겨울을 나타내는 동(冬), 봄을 나타내는 춘(春)은 이해가 되지만 백(柏)은 어떤 의미에서 쓰였는지 이해하기가 쉽지 않다. 즉 우리나라에서는 동백(冬柏)에서 왜 잣 백(柏)자를 차용했을까 하는 것이다.

이 의문점을 풀기 위해서는 동백(冬柏)과 같이 나무 이름에 잣 백(柏)자가 사용되는 것을 찾아 공통점을 확인하는 것으로 유추할 수 있다. 그런 의미에서 잣 백(柏)자가 사용된 나무 이름을 찾아보면 동백뿐만 아니라 편백(扁柏), 측백(側柏) 등이 있다. 이들 식물의 공통점은 상록수라는 점이다. 그러므로 백(柏)은 겨울에도 잎이 푸른 나무(木)임을 나타낸 것이다. 즉 한겨울의 눈과 서리가 새하얗게(白) 대지를 덮어도 겁냄이 없이 꿋꿋하게 견디어내는 나무라는 뜻에서 '木(나무 목)+白(흰 백)'으로 이루어진 한자일 것이다. 결과적으로 동백에서 백(柏)은 겨울에도 잎이 푸르다는 뜻에서 유래된 것으로 보이므로, 겨울에 꽃이 피어 동백이라는 이름이 붙었다기보다는 겨울에도 잎이 푸르다는 뜻에서 유래된 이름인 것으로 생각된다.

ㄷ

두릅나무 *(Aralia elata)* 두릅나무과

♣ 개화기 : 7~9월

전국 산야에 자생하는 낙엽활엽관목으로, 꽃은 흰색이고 열매는 10월에 검게 익는다. 두릅나무는 《향약본초(鄕藥本草)》에 '지두을호읍(地頭乙戶邑)' 으로 기록된 데서, 또는 목두채(木頭菜)에서 둘훕이 유래되었고 이것이 두릅으로 변했다는 기록이 있으며, 《동의보감(東醫寶鑑)》 〈탕액편〉에는 '둘읍〈둘훕' 으로 기재되어 있다. 한편, 조기 등의 물고기를 짚으로 한 줄에 10마리씩 두 줄로 엮은 것을 두름이라 하는데, 지리산 지역(함안, 산청 등)에서는 현재도 산나물 중 두릅나물만 유일하게 조기나 굴비를 엮듯이 엮어서 판매하고 있는데, 이것 또한 두릅나무의 이름 유래와 무관치 않은 듯싶다.

두메닥나무 *(Daphne kamtschatica)*

팥꽃나무과

♣ 개화기 : 4~5월

지리산, 함백산, 태백산 및 중부지방의 표고 700~800m에서 자생하는 낙엽활엽관목이다. 암수딴그루이며 꽃은 노란색이고, 열매는 10월에 붉게 익는다. 두메닥나무는 '두메+닥나무'로, 두메는 도시에서 멀리 떨어져 있는 깊은 산골지방을 가리키므로 깊은 산에서 자라는 닥나무라는 뜻에서 유래된 이름이다. 북한 이름은 조선닥나무이다.

두충 *(Eucommia ulmoides)* 두충과

♣ 개화기 : 4~5월

중국 원산의 낙엽활엽교목으로, 중국 산지(양자강 중류 및 남부 각 성 분포)의 숲속 또는 물이 흐르는 큰 계곡에 야생으로 자라고 있다. 우리나라에서 두충이 약재로 처음 전해진 것은 고려 문종 33년(1079년)에 문종이 자신의 병을 치료하기 위하여 송나라에 약재를 청하게 되었고, 이때 송나라에서 보내온 데 의한 것이다. 식물로는 1926년에 도입되었다.

두충은 암수딴그루이며, 열매는 9~10월에 익는다. 수피, 씨, 잎은 약용으로 이용되는데, 한방에서는 나무껍질을 보양강장제로 쓰고, 대뇌를 튼튼하게 하며, 폐와 무릎앓이 등에 사용한다. 민간에서는 잎을 달여서 신경통 및 고혈압 등에 사용하고 차로도 복용하는데, 중국 서민들 사이에서는 두충의 어린잎으로 두충차를 만들어 마시는 것이 건강장수의 선법(仙法)인 것으로 알려져 있다.

이름의 유래는 《본초강목》에 의하면 옛날에 성이 두(杜)씨이고 이름이 중(仲)이라는 사람이 이 나무의 껍질과 잎을 차로 달여 먹고 도(道)를 통했다고 해서 그 사람의 성과 이름을 따 나무의 이름을 두중(杜仲)이라고 붙였다고 기록되어 있다. 그런데 두충의 한자는 팥배나무 두(杜)와 빌 충(沖)으로 이루어져 있으며, 다른 이름에는 사선목(思仙木), 석사선(石思仙), 목면(木綿)이 있다. 이 중 목면은 두충나무의 껍질을 채취하면 속에 목면 같은 은실이 있는 데서 유래된 것이다.

ㄷ

등 *(Wisteria floribunda)* 콩과

♣ 개화기 : 5~6월

경남과 전남 일부에 자생하는 낙엽활엽덩굴성 나무로, 꽃은 자주색이고 열매는 9~10월에 익는다. 중국 이름 등(藤)을 차용한 것으로 藤(등)은 위로 감고 올라가는 모양을 본떠서 만든 상형문자이므로 덩굴성 식물이라는 뜻에서 유래된 이름이다. 중국에서는 자등(紫藤)이라 하는데, 이는 이 나무의 꽃이 자색인 데서 유래된 것이다. 별명으로 참등이 있다.

등수국 *(Hydrangea petiolaris)* 범의귀과

♣ 개화기 : 6~7월

제주도, 울릉도의 저지대 수림에서 자생하는 낙엽활엽덩굴성 나무로, 꽃은 흰색이며 열매는 가을에 익는다. 등수국은 '등+수국' 형태로 등은 등나무처럼 덩굴을 이루는 데서, 수국은 수국 종류인 데서 유래된 것이다.

ㄷ

등칡 *(Aristolochia manshuriensis)* 쥐방울덩굴과

♣ 개화기 : 5~6월

낙엽활엽의 덩굴성 관목으로 암수딴그루이며, 열매는 9~11월에 익는다. 등칡은 등과 칡의 합성어로 된 이름인데 등은 이 나무가 덩굴성인 데서, 칡은 이 나무의 잎이 칡과 비슷한 데서 유래된 것이다.

땅비싸리 *(Indigofera kirilowii)*

콩과

♣ 개화기 : 5~6월

전국의 표고 50~700m에서 자라는 낙엽활엽소관목으로, 꽃은 엷은 홍색이며 열매는 10월에 익는다. 빗자루를 만들고 약용으로 쓰이는 초본의 비싸리보다 작고 땅에 붙어 자란다는 뜻에서 유래된 이름이다. 땅을 덮을 만큼 무리로 자라고 싸리비를 만드는 데서 유래되었다는 설이 있다. 식물 이름에서 접두사 '땅'은 주로 땅에 붙어 자란다는 뜻으로도 많이 이용되는 것으로 작은 것을 나타낸다. 흔히 키가 작아 땅딸막한 사람을 놀리어 일컫는 말인 땅딸보에서 접두어 땅도 키가 작음을 의미한다. 논싸리, 젓밤나무 등의 별명이 있다.

때죽나무 *(Styrax japonica)* 때죽나무과

♣ 개화기 : 5~6월

제주도와 황해도 이남 산지의 중턱 이하에서 자라는 낙엽활엽관목이다. 꽃은 흰색이며 열매는 회백색으로 7~10월에 익는다. 때죽나무는 때쭉나무라는 이름이 있으며, 옛날에는 열매와 과피를 물에 불린 다음 그 물(사포닌이 함유되어 있다)로 빨래를 한 점 등으로 볼 때 때를 쭉 뺀다는 뜻에서 때쭉나무로 불리다가 때죽나무가 된 것으로 추정된다. 나무 껍질이 검은 빛이어서 때가 많은 껍질의 나무라는 뜻으로 때죽나무가 되었다는 설도 있다. 또 열매를 찧어 물에 풀어 물고기를 잡는 데 이용하기도 했는데, 이때 물고기를 떼로 죽인다는 데서 유래해 때죽나무가 되었다는 설도 있다.

떡갈나무 *(Quercus dentata)* 참나무과

♣ 개화기 : 4~5월

ㄷ

전국의 표고 800m 이하에서 자생하는 낙엽활엽교목으로 열매는 10월에 익는다. 국어학자들에 의하면 '덥갈(櫟)+나모(木) = 덥갈나모→떡갈나무' 로 변화한 것이라는 주장이 있다. 그러나 민속학자들은 이 나무의 잎에 떡을 싸서 쪄먹은 데서 유래된 것이라고 밝히고 있다. 즉 시루떡을 해먹을 때 밑에 널찍한 나뭇잎을 깔고 떡을 찌는데, 이때 흔히 칡나무나 널찍한 떡갈나무 잎을 쓰기도 하였다. 그래서 떡을 찔 때 밑에 깐다 하여 떡갈나무라고 하던 것이 갈참나무라는 이름과 어우러져서 떡갈나무라고 하게 되었다는 것이다. 또 어린 잎으로 떡을 싸먹는다 하여 '떡갈' 이란 이름이 붙여졌다는 설 등이 있지만, 《물명고》에서 떡갈나무의 옛 이름을 찾아보면 떡과 관련이 없는 덥갈나모로 되어 있다. 그러므로 이 나무의 잎을 덮개로 이용한 데서 유래된 이름으로 추정된다.

ㅁ

ㅁ

마가목 *(Sorbus commixta)* 장미과

♣ 개화기 : 5~6월

중부 이북의 표고 500~1,200m 사이에서 자생하는 낙엽활엽소교목이다. 꽃은 흰색이고 열매는 붉은색으로 9~10월에 익는다. 싹이 나오는 모양이 말의 이빨처럼 생긴 데서 마아목(馬牙木)이라는 이름이 붙었고, 이것이 마가목으로 변한 데서 유래된 이름이다. 중국 이름은 화추수(花楸樹)로 마아목과는 차이가 있으며, 한방에서는 나무 껍질을 마아피(馬牙皮)라 해서 한약재로 쓴다.

마삭줄 *(Trachelospermum asiaticum var. intermedium)* 협죽도과

♣ 개화기 : 5~6월

남부지방의 해안이나 도서지방에서 자생하는 상록활엽덩굴성 나무이다. 꽃은 흰색에서 황색으로 변하고, 열매는 8~9월에 익는다. 꽃은 5~6월에 피어 열매를 맺는데 열매는 골돌(蓇葖)로서 말의 얼굴 형상이다. 그래서 마삭(馬蒴)덩굴에서 유래되었을 가능성이 있다. 이 식물의 줄기를 삼으로 만든 밧줄인 마삭(麻索)에 비유한 데서 유래되었다는 설도 있다. 또 일본 이름은 마사키카즈라(まさきかずら)로 사철나무덩굴이라는 뜻인데, 사철나무에 해당하는 마사키가 마삭과 발음이 비슷하므로 일본 이름에서 유래되었을 가능성도 있다. 북한 이름은 마삭덩굴이다.

만년콩 *(Euchresta japonica)* 콩과

♣ 개화기 : 6~7월

제주도 남쪽 계곡의 숲에서 자라는 상록소교목으로, 꽃은 흰색이며 열매는 9~11월에 익는다. 한국과 일본에 분포하며, 1970년 8월에 식물수집가 김이만 옹(翁)이 제주도 서귀포 돈내코 계곡의 상록활엽수림에서 발견한 것에 연유하여 만년콩이라는 이름이 붙었다. 즉 만년이란 김이만 옹의 만(萬)자와 더불어 상록이라는 뜻에서 붙여졌으며, 콩은 콩과 식물이라는 데서 유래된 것으로 '만년이나 오랫동안 콩과 같은 식물' 이라는 뜻에서 붙여졌다.

만병초 *(Rhododendron brachycarpum)* 진달래과

ㅁ

♣ 개화기 : 6~7월

지리산과 울릉도 및 북부지방의 표고 700~2,200m 사이에서 자생하는 상록활엽관목이다. 꽃은 흰색이고, 열매는 9월에 갈색으로 익는다. 만병초(萬病草)는 열매의 용도에 따라 붙여진 이름으로, 모든 병에 효력이 있는 만병통치약이란 뜻에서 유래된 것이다. 즉 이 나무의 잎을 달여 마시면 모든 병을 고칠 수 있다는 전설에서 유래된 이름이다. 만병초의 중국 이름은 석남화(石南花), 칠리향(七里香), 향수(香樹)로 우리나라 이름과 다르다. 북한 이름은 뚜깔나무이다.

ㅁ

말발도리 *(Deutzia parviflora)* 범의귀과

♣ 개화기 : 5~6월

전국 산야의 계곡 바위틈에서 자생하는 낙엽활엽관목으로, 2m 정도까지 자라며 꽃은 흰색이다. 말발도리는 열매 지름이 3~5cm로 9월에 익는데, 이 열매가 말발굽 모양을 한 데서 유래된 이름이다.

말채나무 *(Cornus walteri)* 층층나무과

ㅁ

♣ 개화기 : 5~6월

전국의 표고 100~1,200m에서 자생하는 낙엽활엽교목이다. 10m까지 자라며 꽃은 흰색이고, 열매는 둥근 모양으로 9~10월에 검게 익는다. 말채나무는 가지가 낭창낭창하여 말채찍으로 쓰였다는 데서 유래된 이름이다.

매발톱나무 *(Berberis amurensis)* 매자나무과

♣ 개화기 : 4~5월

중부 이북의 표고 100~1,900m 사이에서 자라는 낙엽활엽관목이다. 꽃은 황색이고 꽃잎은 6장이며, 열매는 9~10월에 붉게 익는다. 가지와 잎은 약용과 염료로 이용되고 나무는 울타리용으로도 이용된다. 이름의 유래는 줄기에 붙어 있는 탁엽이 변하여 매발톱 같은 날카로운 가시가 3개씩 달려 있는 데서 유래되었다.

매가 식물 이름에 차용된 것 중에는 초본식물인 매발톱꽃이 있다. 매발톱꽃은 꿀주머니 안쪽으로 말려진 꽃모양이 매의 발톱을 오므린 듯한 모양인 데서 유래된 이름이다. 그런데 이 매발톱꽃의 속명 Aquilegia는 라틴어의 aquila(독수리)에서 유래된 말로, 꽃을 날개를 편 독수리에 비유한 데서 유래된 것이다.

매발톱꽃과 매발톱나무는 1937년에 처음으로 이름이 붙여진 것인데, 그 당시 이름을 붙일 때 참조했던 것은 ① 전래되는 우리나라 고유의 식물명, ② 학명의 뜻에 따른 것, ③ 일본명, 중국명 등 외래명의 뜻에 따른 것, ④ 식물의 특징, 습성, 최초 채집지나 채집자 등이었다. 따라서 매발톱나무의 이름에 매를 차용한 것은 우선적으로 매발톱꽃의 속명 뜻에서 독수리 대신 매를 차용하였고, 이를 매발톱나무의 명명시에도 적용했을 가능성이 있다.

매실나무 *(Prunus mume)* 장미과

♣ 개화기 : 3~4월

중국 원산의 낙엽활엽교목으로, 약 2천 년 전에 도입되어 중부 이남의 마을 부근에서 주로 재배한다. 꽃은 연한 녹색으로 잎보다 먼저 달리고 향기가 강하다. 열매는 노란색으로 6~7월에 익는다. 매실나무는 중국 이름 매(梅)를 차용한 것으로, 梅(매)는 어머니(母)가 되는 것을 알리는 나무(木)라는 뜻에서 유래된 것이라고 한다. 즉 임신을 한 여자들은 신맛이 있는 과일(實)을 찾게 되는데 매실(梅實)은 신맛이 강해서 여자들이 매실을 찾으면 임신한 것이므로, 매실은 열매가 출산의 전조(前兆)를 나타내는 것이라는 데서 유래되었다고 한다.

매화에는 홍매, 백매, 강매, 납매, 녹엽매, 중엽매, 원앙매 등 다양한 종류가 있다. 강매는 들에 씨가 떨어져서 절로 나온 것을 야매(野梅)라고도 하며, 동지 전에 핀다 하여 조매(早梅)라고도 한다. 또 녹엽매를 일러 녹악매라고도 하는데, 다른 매화와는 달리 꽃받침이 녹색이다.

동양화에서 매화는 눈썹을 뜻한다. 매화의 '매(梅)'가 눈썹 미(眉)와 중국에서 독음이 같기 때문이다. 그래서 매화가 장수(長壽)를 뜻하는 돌(石) 및 부귀를 나타내는 모란과 함께 그려진 그림은 부귀미수(富貴米壽)로 눈썹이 하얗게 될 때까지 부귀를 기원하는 것이다. 또 매화는 맨 먼저 꽃이 피어 봄소식을 전하므로 춘선(春先)이라고도 한다.

ㅁ

멀구슬나무 *(Melia azedarach)* 멀구슬나무과

♣ 개화기 : 5월

일본 원산의 낙엽활엽교목이다. 꽃은 연한 자주색이며, 열매는 노란색으로 9월에 익는다. 이 나무의 동그란 핵과(核果)는 구슬 모양인데, 익으면 과육이 푸석푸석해 멀건 구슬 모양이 된다. 그래서 멀건 구슬나무란 뜻에서 유래된 이름이다. 별명으로 구주목이 있다.

멍석딸기 *(Rubus parvifolius)* 장미과

♣ 개화기 : 5~7월

전국의 표고 50~100m의 마을 주변과 야산에 자생하는 낙엽활엽의 덩굴성 관목이다. 꽃은 붉은색이며 열매는 7~8월에 붉게 익는다. 때로는 모여서 자라는데 높이 30cm 정도 자란 다음 사방으로 2m 정도 뻗어나간다. 이 모양이 멍석을 깔아놓은 것처럼 보인다고 해서 멍석딸기라는 이름이 붙은 것이다.

ㅁ

모과나무 *(Chaenomeles sinensis)* 장미과

♣ 개화기 : 5월

중국 원산의 낙엽활엽교목으로 중부 이남 마을에서 재배된다. 꽃은 연한 홍색이고 열매는 노란색으로 9월에 익으며, 향기가 좋으나 과육은 시고 떫다. 약용이나 음료용으로 이용된다. 모과는 중국 이름 목과(木瓜)가 부르기 편한 모과로 변한 것이다. 목과(木瓜)는 나무(木)에 노랑참외 비슷한 열매(瓜, 참외 과)가 달린다고 해서 유래된 것이다.

모란 *(Paeonia suffruticosa)*

미나리아재비과

♣ 개화기 : 5월

중국 원산의 낙엽활엽관목으로, 꽃은 여러 가지 색이 있으며 열매는 7~8월에 익는다. 우리나라에는 1,500년 전에 도입된 식물로, 중국 이름 목단(牧丹)에서 유래된 것이다. 즉 목단(牡丹)이 '모단→모란'으로 변한 것인데, 이것은 ㄷ 음이 ㄹ 음으로 바뀌는 것, 즉 한자어의 우리말 귀화현상(歸化現象)에 의한 것이다. 한편 목단은 종자를 생산하지만 굵은 뿌리 위에서 새싹이 돋아나므로 수컷의 형상이라고 해서 목(牧)자가 붙었으며, 꽃 색이 붉기 때문에 단(丹)이 붙었다고 한다. 모란을 신라 시대 때는 화왕(花王)이라고도 했는데, 신라 신문왕 때 설총(薛聰)의 《화왕계(花王戒)》에 등장하는 화왕이 모란이다. 중국에서는 목단(牧丹) 외에 부귀화(富貴花)나 화중왕(花中王)이라고도 하는데, 소담스러우면서 여유와 품위를 지녀서이다. 그래서 동양화에서는 모란꽃이 있으면 '부귀'를 뜻한다. 만약 동양화에 모란이 목련과 해당화와 같이 있다면 목련의 옥, 해당화의 당이 함께 읽혀서 부귀옥당(富貴玉堂, 귀댁에 부귀가 깃들기를)이 된다.

ㅁ

ㅁ

목련 *(Magnolia kobus)*

목련과

♣ 개화기 : 3~4월

제주도 한라산의 표고 1,800m의 개미목 부근에서 자생하는 낙엽활엽교목이다. 꽃은 흰색이고 열매는 9~10월에 익는다. 목련(木蓮)은 '나무(木)+연꽃(蓮)' 의 합성어로 꽃의 모양이 연꽃과 비슷한 나무라는 뜻에서 유래된 것이다. 중국에서 목련은 *Magnolietia fordiana*로 장강(長江) 중하류 및 그 이남에 자생하는 식물이다. 우리나라에서 목련이라 부르며 주위에서 쉽게 볼 수 있는 흰색의 꽃이 피는 나무는 중국 원산의 백목련이다. 목련은 우리나라에 자생하는 것으로 고부시목련 또는 고부시라고도 한다. 고부시는 일본말로 주먹이라는 뜻인데, 이 나무의 열매가 주먹 같다고 해서 유래된 이름이다.

목서 *(Osmanthus fragrans)* 물푸레나무과

♣ 개화기 : 9~10월

중국 원산의 상록활엽관목이다. 암수딴그루이고 암그루에 흰색의 꽃이 피며, 열매는 다음해 3~4월에 익는다. 중국 이름 목서(木犀)를 차용한 것인데 목서는 나무(木) 껍질이 동물의 뿔(犀) 표면과 비슷하다는 데서 유래된 것이다. 꽃이 흰색으로 피어 은목서라고도 한다.

무궁화 *(Hibiscus syriacus)* 아욱과

♣ 개화기 : 7~8월

낙엽활엽소교목으로, 꽃은 보통 흰색과 분홍색으로 피며 열매는 10월에 익는다. 우리나라의 국화이다. 무궁화의 자생지가 우리나라에서 발견된 곳은 없으나 중국의 지리와 풍속을 기록한《산해경》을 보면 "북방에 있는 군자의 나라는 사람들이 사양하기를 좋아하고 다투기를 피하여 겸허하고, 그 땅에는 무궁화(槿花)가 많아 아침에 피어 저녁에 진다"고 적혀 있다. 무궁화에 대한 우리나라의 가장 오래된 기록은 신라시대의 것으로 신라를 근화향(槿花鄕), 즉 무궁화의 고장이라고 표현하고 있으며, 신라시대 때 외국에 보내는 문서에 신라 스스로를 근화향(槿花鄕)이라고 할 만큼 우리나라는 무궁화와 관련이 깊다. 이때까지만 해도 근화(槿花)라고 불러왔음을 알 수 있다.

그러면 언제부터 무궁화로 불러왔으며 그 이유는 무엇일까? 무궁화로 불리게 된 유래 중에는 당나라 현종과 관련된 이야기가 하나 전해져 오고 있다. 중국 당나라 현종이 양귀비의 환심을 사려고 전국의 꽃을 모아 궁 안에 심게 하였는데, 봄이 되어 모든 나무가 꽃을 피우는데도 오직 무궁화만이 꽃을 피우지 않아 화가 나서 '궁(宮)에 없는(無) 꽃(花)'이라는 뜻에서 무궁화(無宮花)란 이름을 붙였다는 이야기이다. 그런데 중국에서는 무궁화라 부르지 않고 목근화(木槿花)라 부른다. 또한 고려시대의 이규보 문집에 무궁화가 무궁(無窮)이냐 무궁(無宮)이냐는 논란을 적어놓은 것을 보면 무궁화(無窮花)는 우리나라에서 고려시대 때 붙여진 이름이며, 한자로 無窮花가 먼저 생긴 것이 아니라 우리말로 무궁화라고 부르다가 이에 적합한 한자어로 無窮花를 사용한 것으로 추정된다.

그렇다면 왜 무궁화로 불렀을까? 무궁화(無窮花)의 중국 이름은 목근화(木槿花)이며, 이 이름의 중국식 발음은 무긴화이다. 따라서 우리나라 이름 무궁화는 이 무긴화가 無窮(무궁)이라는 한자에 부회(附會)되면서 무궁화라는 이름이 유래된 것으로 추정된다.

한편으로 다른 이름에는 근화(槿花), 목근(木槿), 훈화(薰華), 순영(舜英), 일급(日及),

일화(日華), 번리초(藩籬草), 조개모락화(朝開暮落花) 등 여러 가지 이름이 있는데, 아름답다는 뜻과 꽃이 하루밖에 가지 못하는 단명함을 애석해한 뜻의 이름이다.

이외에도 '학질꽃', '눈의피꽃', '부스럼꽃'이라는 이름이 있다. 학질꽃은 《군방보(群芳譜)》에 기록되어 있는 것으로, 어린이가 가지고 놀면 학질에 걸린다고 해서 붙여진 것이다. 이것은 실제로 학질에 걸리는 게 아니라 어린이가 무궁화를 함부로 꺾어서 가지고 노는 것을 막기 위해서였다고 한다. '눈의피꽃', '부스럼꽃'은 일제 강점기 시대 때 붙여진 이름이다. 무궁화를 보거나 만지면 눈에 핏발이 서고 눈병이 나거나 부스럼이 생긴다는 설에서 유래한 것으로, 일제가 헛소문을 퍼뜨린 결과라는 얘기가 있다.

무궁화에는 용도에 따라 다른 이름이 사용되기도 하였다. 조선시대 때 과거에 급제한 사람에게 하사하여 복두에 꽂게 한 무궁화는 어사화(御賜花)라고 불렀다. 또 궁궐에서 간단한 잔치가 있을 때 신하들이 사모에 무궁화를 꽂는 풍습도 있었는데, 이때의 무궁화는 진찬화(進饌花)라 했다. 서양에서는 '샤론의 장미(Rose of sharon)'라고 부른다.

무화과 *(Ficus carica)* 뽕나무과

ㅁ

♣ 개화기 : 6~7월

아라비아 서부 및 지중해 연안 원산의 낙엽활엽관목으로, 우리나라에서는 남부에서 재배한다. 열매는 흑자색으로 9~10월에 익는다. 중국 이름 무화과(無花果)를 차용한 것이다. 꽃이 없는 과일이란 뜻인데, 꽃이 필 때 꽃받침과 꽃자루가 긴 타원형 주머니처럼 비대해지면서 수많은 작은 꽃들이 주머니 속으로 들어가버리고 꼭대기만 조금 열려 있어서 꽃을 잘 볼 수 없으므로 이런 이름이 붙었다.

무환자나무 *(Sapindus mukorossi)*

무환자나무과

♣ 개화기 : 5~6월

제주도와 전라도, 경상도의 절이나 촌락 부근에 식재하는 낙엽활엽교목이다. 꽃은 적갈색이고 둥근 모양의 열매는 황갈색으로 익는다. 무환자(無患子)나무는 중국명 무환자(無患子), 무환수(無患樹)를 차용한 것이다. 이 나무를 심으면 자녀에게 화가 미치지 않는다 하여 무환자나무라는 이름이 붙었다는 설이 있다.

또 옛날 중국에 요모(搖毦)라는 신통한 무당이 있었는데, 귀신에 홀린 사람들을 무환자나무 몽둥이로 때려 귀신을 쫓아버렸다는 이야기에서 무환자나무라는 이름이 유래되었고, 이로 인해 근심과 걱정을 없애주고 귀신을 쫓는 나무라 해서 염주와 가구를 만들고 집이나 사찰 주위에 심었다는 설이 있다.

한편 이 나무는 높이 20m, 직경 60cm 정도 자라며 나무는 가구 재료, 종자는 염주나 장난감을 만드는 데 쓰인다. 또 열매 껍질은 사포닌을 많이 함유라고 있어 옛날에는 비누 대용으로 때를 씻는 데 사용했다. 이처럼 쓰임새가 다양한 점을 감안하면 혹시 나무심기를 권장해서 붙인 이름은 아닐까 하는 생각도 든다. 일본 이름은 목환사(木槵子)이다.

물푸레나무 *(Fraxinus rhynchophylla)* 물푸레나무과

ㅁ

♣ 개화기 : 4월

전국 산야에 자생하는 낙엽활엽교목이다. 물푸레나무라는 이름은 '물(水)+프레(靑) = 무프레→무푸레→물푸레'로 된 것으로, 가지를 꺾어 물 속에 넣으면 가지에서 푸른 물이 우러나와 물이 푸르게 된다는 데서 유래된 것이다. 중국 이름은 수정목(水精木), 수청목(水靑木)인데, 이것도 물푸레나무와 같은 뜻에서 유래된 것이다.

ㅁ

미루나무 *(Populus deltoides)*　　버드나무과

♣ 개화기 : 4월

북아메리카 원산의 낙엽활엽교목이다. 미국에서 도입된 식물이며, 종자는 5월에 익는다. 미루나무라는 이름은 '미국(美)에서 도입된 버드나무(柳)' 혹은 '아름다운(美) 버들(柳)'이란 의미에서 미류(美柳)나무로 되었고, 이것이 미루나무라는 발음으로 일반화되면서 미루나무가 되었다.

ㅁ

미선나무 *(Abeliophyllym distichum)*

물푸레나무과

♣ 개화기 : 3~4월

충북 진천과 괴산의 야산에서 자라는 우리나라 특산식물이다. 세계에 1속 1종인 천연기념물로 낙엽활엽관목이다. 꽃은 잎보다 먼저 흰색으로 피며 열매는 9~10월에 익는다. 미선(美扇)나무라는 이름은 열매 때문에 붙은 것이다. 미선은 아름다운 부채란 뜻이 아니라 꼬리 미(尾)자에 부채 선(扇)자를 쓴다. 미선이라고 부르는 이 부채는 대나무 줄기를 잘게 쪼개어 가는 살을 여러 개 만들고, 이것을 둥글게 펴서 거기에 종이나 명주천을 붙여서 만든 둥근 것이나. 미선나무의 열매는 이 부채와 비슷하므로, 열매의 모양이 마치 둥근 부채(尾扇)를 펴놓은 것처럼 아름답게 생겼다는 뜻에서 미선나무라는 이름이 붙었다.

미역줄나무 *(Tripterygium regelii)* 노박덩굴과

♣ 개화기 : 7~8월

전국 심산의 표고 200~2,200m 사이에서 모여 자라는 낙엽활엽의 덩굴나무이다. 흰 꽃이 피며 열매는 8~9월에 익는다. 미역줄나무는 덩굴의 뻗음이 튼튼하여 미역 고갱이처럼 생겼다고 해서 유래된 이름이다. 별명으로 메역순나무가 있다.

ㅂ

ㅂ

박달나무 *(Betula schmidtii)* 자작나무과

♣ 개화기 : 5~6월

낙엽활엽교목으로 열매는 9~10월에 익으며, 전라남북도와 황해도를 제외한 전국의 산야에 자생하는 나무이다. 목재는 무늬가 아름다울 뿐만 아니라 치밀하고 단단하다. 기구재나 기계재, 조작재로 사용되며, 옛날에는 다듬이방망이, 참빗, 곤봉, 수레바퀴, 농기구 등으로 많이 이용하였다. 박달은 흔히 '붉(明)+달(山)'에서 유래된 이름으로 추정된다. 한편으로는 '박(頂, 頭)+달(山)'로 해석하는 것이 가능하다.

박쥐나무 *(Alangium platanifolium var. trilobum)* 박쥐나무과

♣ 개화기 : 6~8월

우리나라 전역의 표고 1,200m 이하의 산야에서 자생하는 낙엽활엽관목이다. 꽃은 황록색이며 열매는 9월에 검게 익는다. 어린 순은 식용으로, 열매는 약용으로, 수피는 섬유용으로 쓴다. 박쥐나무라는 이름은 잎 모양의 특징에 따라 붙여진 것으로, 이 나무의 잎이 박쥐가 날개를 폈을 때 모양과 같다고 해서 유래된 이름이다.

ㅂ

박태기나무 *(Cercis chinensis)* 콩과

♣ 개화기 : 4월

중국 원산의 낙엽활엽관목으로, 자홍색 꽃이 피며 열매는 10월에 익는다. 박태기나무는 봄이 되면 나무에 쌀알만한 꽃봉오리가 무더기로 달리는데 이 모양이 마치 밥알, 즉 밥티기가 붙어 있는 것과 같다는 데서 유래된 이름이다. 중국 이름에는 만조홍(滿條紅), 미화목(米花木)이 있다. 만조홍은 가지가지마다 붉은색의 꽃이 가득 달려 있다는 뜻에서 유래된 것이며, 미화목은 쌀알 같은 꽃이 달린다는 데서 유래된 것이다. 북한 이름은 구슬꽃나무이다.

밤나무 *(Castanea crenata)*

참나무과

♣ 개화기 : 5~6월

전국의 표고 100~1,100m에서 자라는 낙엽활엽교목으로, 열매는 9~10월에 익는다. 밤을 한문으로 栗(율)이라고 하는데 이는 西(서)와 木(목)이 합성된 글자이다. 西(서)의 모양이 열매가 매달리는 형상인데, 이는 밤의 열매가 아래로 드리우기 때문에 이런 모습을 형상화하여 栗(율)이란 단어를 만든 것이다. 또한 서쪽을 뜻하는 西(서)는 '떨어져 나가다, 갈리다' 라는 의미가 있어 '밤송이 속에 열매가 2~3개로 나누어져(西) 있는 나무(木)' 라는 뜻으로 해석되기도 한다.

밤을 뜻하는 이 한자 이름인 栗(율)은 파자를 하거나 문헌조사를 해보아도 한국어 이름인 밤과의 관련성을 찾을 수 없다. 한국어 이름인 밤의 어원에 대해서는 씨를 뜻하는 種(종)이 붓의 고형으로, 여기에서 '받 〉 발 〉 발암 〉 바암 〉 밤' 으로 변화한 것이라는 주장이 있다. 이 주장에 의하면 밤의 어원은 씨에 있다고 할 수 있다.

배나무 *(Pyrus pyrifolia var. culta)* 장미과

♣ 개화기 : 4월

전국 각지에서 재배하는 낙엽활엽교목으로, 흰 꽃이 피며 열매는 9~10월에 익는다. 배나무의 중국 이름은 이(梨)이다. 梨(이)의 어원은 과육에 물이 많고 맛이 상쾌하여 기운을 아래로 내리며, 막힘이 없이 매끄럽게(利) 하는 나무(木)라는 데서 유래된 것으로, 배를 많이 먹으면 설사를 한다는 뜻도 포함되어 있다. 또한 상쾌한(快) 과일(果)이라는 뜻으로 쾌과(快果), 과일(果)의 으뜸(宗)이라는 뜻으로 과종(果宗), 젖(乳)과 같이 맛있다(玉)는 뜻으로 옥유(玉乳), 꿀(蜜)의 아버지(父)란 뜻으로 밀부(蜜父)라는 한자 이름도 있다. 하지만 이러한 이름들이 현재 사용되고 있는 배와는 큰 관련이 없어 보인다. 우리나라 이름 배는 日이 'ᄒᆡ 〉 해' 로 전화(轉化)된 것과 같은 이치로, 배를 뜻하는 梨의 15세기 음 ᄇᆡ 가 배로 전화(轉化)된 것이라는 설이 있다.

ㅂ

배롱나무 *(Lagerstroemia indica)* 부처꽃과

♣ 개화기 : 7~9월

중국 남부가 원산지인 낙엽활엽교목으로, 꽃은 붉은색이고 열매는 10월에 익는다. 배롱나무의 한자 이름은 백일홍(百日紅)인데, 이것은 꽃이 오랫동안 피어 있는 데서, 혹은 개화기간이 100일 정도라는 의미에서 유래된 이름이다. 그런데 꽃을 자세히 살펴보면 한 송이의 수명이 그토록 오래 가는 것이 아니라 작은 꽃들이 계속해서 줄기차게 꽃피므로 그런 이름을 얻은 듯하다. 배롱나무라는 이름은 이 백일홍(百日紅)이 변해서 된 것

ㅂ

으로 추정된다. 즉 백일홍의 15세기 한자음은 ᄇᆡᆨ일홍인데 이것이 시대가 지남에 따라 'ᄇᆡᆨ일홍 〉ᄇᆡ기롱 〉ᄇᆡ이롱 〉ᄇᆡ롱〉 배롱' 으로 변한 것이다. 이를 알기 쉽게 풀이하면 ᄇᆡᆨ일홍을 소리나는 내로 적으면 ᄇᆡ이롱이 된다. ㅎ이 탈락된 것은 일홈이 오늘날 이름으로 되는 것과 같은 이치이다. ᄇᆡ기롱이 ᄇᆡ이롱으로 된 것은 이 모음 다음에 ㄱ 탈락 현상이 일어나기 때문이다. ᄇᆡ이롱이 ᄇᆡ롱으로 된 것은 같은 모음 둘이 겹칠 때는 그 중 하나가 탈락되기 때문이다.

배롱나무의 다른 이름에는 목백일홍, 양반나무, 간질나무, 간지럼나무 등 여러 가지가 있다. 목백일홍은 백일홍에 접두어 '목(木)' 자를 붙인 것으로, 이는 백일홍이라는 이름의 초화가 또 하나 있어 혼돈을 피하기 위해서이다. 그런데 최근에는 원예학회에서 배롱나무를 백일홍이라 하고 초화인 백일홍을 백일초(百日草)로 정리하였다. 양반나무는 이 나무가 중부 이북 지방에서는 월동이 어려울 정도로 추위에 약한데 그로 인해 봄에 싹도 늦게 나오는 데서 유래된 것이다. 간질나무나 간지럼나무는 간지럼을 잘 타는 나무라는 뜻으로, 이 나무의 줄기를 손톱으로 긁으면 간지럼을 타는 듯 나무 전체가 움직이는 것처럼 느껴진다고 해서 붙여진 것이다. 제주도에서는 '저금타는낭' 이라고 부르는데 이 역시 간지럼 타는 나무라는 뜻이다.

일본에서는 '사루스베리(さるすべり)' 라고 한다. 줄기가 원숭이도 미끄러워 떨어질 만큼 매끄럽다고 해서 지어진 이름이다. 또 일본에서는 게으름뱅이나무라고 부르기도 한다. 잎은 늦게 나고 떨어질 때는 제일 먼저 진다고 해서 붙은 별명이다. 그러나 그것은 이 나무의 죄일 수 없다. 잎이 늦게 나서 일찍 지는 것은 이 나무의 고향이 따뜻한 남방이어서 자신을 추위로부터 보호하기 위해서이다. 중국에서는 파양수(怕痒樹)라는 이름이 주어졌는데, 이것은 "매끄러운 줄기를 긁어주면 모든 나뭇가지가 흔들리면서 간지럼을 타므로 파양수라 한다"고 《군방보》에 기록되어 있다. 또 중국에서는 이 나무를 자줏빛 꽃이 핀다 하여 자미화(紫薇花)라고도 하며 무척 사랑하여 이 꽃이 많이 피는 성읍을 자미성(紫薇省)이라고 이름 붙였을 정도이다.

ㅂ

백량금 *(Ardisia crenata)*

자금우과

♣ 개화기 : 6~8월

남부 도서지방에 자생하는 상록활엽관목이다. 흰색의 꽃이 피고 열매는 둥근 모양으로 9월부터 다음해 2월까지 붉게 익는다. 백량금은 *Ardisia crispa*(百兩金)에 대한 중국 이름 백량금(百兩金)이 이 나무에 잘못 붙여진 데서 유래된 이름이다. 우리나라에서 백량금이라 하는 것은 *Ardisia crenata*(중국 이름은 朱砂根)로, 빨갛게 익은 열매는 8~9개월간 나무에 매달려 있어 관상가치가 있는데 이것이 백만 냥의 가치가 있을 만큼 아름답다는 데서 유래된 이름이다. 일본에서는 '만량금' 이라 한다.

백리향 *(Thymus quingquecostatus)* 꿀풀과

♣ 개화기 : 7~8월

높은 산 정상의 바위틈이나 바닷가의 바위 옆에서 자라는 낙엽활엽소관목이다. 꽃은 분홍색이고 열매는 검은 갈색으로 9월에 익는다. 잎과 식물체에는 티몰(Thymol) 등의 성분이 함유되어 백리향 특유의 향기를 내뿜는데, 이 향기가 백리(百里)에 이른다는 뜻에서 백리향(百里香)이라는 이름이 유래된 것이다.

ㅂ

백목련 *(Magnolia denudata)*

목련과

♣ 개화기 4~5월

전국 각지에 정원수로 심는 낙엽활엽교목이다. 꽃은 흰색이고 열매는 8~9월에 익는 중국 원산의 나무이다. 일본 이름 백목련(白木蓮)을 차용한 것으로, 백색의 목련인 데서 유래된 이름이다. 중국 이름은 옥란(玉蘭) 또는 옥수(玉樹)인데, 꽃이 옥처럼 희다고 해서 붙은 이름이다.

백서향 *(Daphne kiusiana)*

팥꽃나무과

♣ 개화기 : 2~4월

경남 백도와 전남 흑산도, 제주도에서 자라는 상록활엽관목이다. 꽃은 흰색이며 암수딴그루로 열매는 5~6월에 암그루에서 익는다. 백서향은 흰색(白) 꽃이 피는 서향(瑞香)이라는 뜻에서 유래된 이름이다. 별명으로 흰서향나무, 백서향나무가 있다.

ㅂ

백송 *(Pinus bungeana)* 소나무과

♣ 개화기 : 5월

상록침엽교목으로 열매는 다음해 10월에 흑갈색으로 익는다. 우리나라에는 약 600년 전에 중국에서 도입된 나무이다. 백송(白松)이라는 이름은 나무 껍질이 거의 흰 빛으로 얼룩얼룩한 데서, 혹은 줄기 껍질이 벗겨져서 백색 또는 회백색을 나타내는 데서 유래된 이름이다. 북한 이름은 흰소나무이다.

버드나무 *(Salix koreensis)* 버드나무과

♣ 개화기 : 4월

전국 산야에 분포하는 낙엽활엽교목이다. 가지가 부드럽다는 뜻에서 부들나무가 되었고, 이것이 '버들나무→버드나무'로 되었다는 설이 있다. 중국 이름은 양류(楊柳)인데, 양(楊)은 가지가 단단하고 잎이 둥글고 넓으며, 류(柳)는 가지가 부드럽고 잎이 기늘고 긴 것을 가리킨다.

버즘나무 *(Platanus orientalis)* 버즘나무과

♣ 개화기 : 4월

낙엽활엽교목으로 우리나라에는 시내에 가로수로 많이 심어져 있으며, 열매가 여름에 3개씩 달린다. 이 나무의 수피는 조각조각 벗겨져 얼룩이 지는데 이 모습이 피부병의 일종인 버짐이 핀 것처럼 보인다고 해서 버즘나무라는 이름이 붙었다고 한다. 플라타너스라는 이름도 있는데, 이것은 속명이다. 북한 이름은 동그란 열매가 방울 같다 해서 방울나무이다.

벚나무 *(Prunus serrulata)* 장미과

♣ 개화기 : 4~5월

전국의 표고 1,600m 이하에서 자생하는 낙엽활엽교목으로, 꽃은 흰색이고 열매는 6~7월에 검게 익는다. 벚나무에서 벚은 버찌를 의미한다는 옛 문헌 기록이 있고, 《아언각비(雅言覺非)》에는 산벚을 벗이라고 하는데 잘못된 명칭이라고 지적된 기록이 있다. 따라서 벚나무는 버찌가 열리는 나무라는 뜻에서 유래된 이름인 것으로 추정된다.

벽오동 *(Firmiana simplex)* 벽오동과

♣ 개화기 : 6~7월

하와이, 타이완, 중국, 인도차이나에 분포하는 낙엽활엽교목으로, 열매는 10월에 익는다. 정원수로 많이 심고 있으며, 씨는 커피 대용품으로 사용 가능하다. 벽오동(碧梧桐)은 '벽+오동'으로, 벽(碧, 깊고 푸른빛 벽)자는 벽공(碧空) 또는 벽천(碧天)이라 하여 하늘 빛에 가까운 색을 나타낸다. 그러므로 나무 껍질이 푸른색인 데서 유래된 것이며, 오동은 이 나무를 중국에서 오동나무라고 한 데서 유래된 것이다. 중국 이름은 청오(青梧) 혹은 청동목(青桐木)이 있는데, 이것도 나무 껍질이 청색인 데서 유래된 것이다. 북한에서는 청오동이라고 한다.

ㅂ

별목련 *(Magnolia stellata)* 목련과

♣ 개화기 : 4월

중국 원산의 낙엽활엽관목이다. 우리나라에서는 정원수로 심으며, 열매는 9~10월에 익는다. 별목련은 '별+목련' 형태의 이름으로 별은 꽃이 별 같은 모양인 데서, 목련은 이 나무가 목련 종류인 데서 유래된 것이다.

병꽃나무 *(Weigela subsessilis)*

인동과

♣ 개화기 : 4~5월

전국의 산야에 자생하는 낙엽활엽관목으로, 꽃은 붉게 피고 열매는 9월에 익는다. 병꽃나무는 이 나무의 꽃 모양이 병이나 깔때기를 닮은 데서 유래된 이름이다.

병아리꽃나무 *(Rhodotypos scandens)* 장미과

♣ 개화기 : 5월

중부 이남의 표고 700m 이하에서 자라는 낙엽활엽관목이다. 병아리꽃나무는 순백색의 하얀 꽃을 병아리에 비유한 데서 유래된 이름이다.

▲보리수나무

ㅂ

보리수나무 *(Elaeagnus umbellata)* 보리수나무과

♣ 개화기 : 5~6월

전국의 표고 1,200m 이하의 산야에 자생하는 낙엽활엽관목이다. 꽃은 흰색에서 황색으로 변하며 열매는 10월에 익는다. 보리수나무는 석가여래가 보리수 밑에서 49일간의 고행 끝에 대오각성(大悟覺醒)하여 생사의 고(苦)를 초탈(超脫)할 수 있었다는 성수(聖樹)를 생각하기 쉽지만, 불타(佛陀)와는 관련이 없다.

보리수는 우리나라 전역에 분포되어 있는 나무로, 보리(麥)의 수확시기 혹은 보리와 비슷한 열매의 모양과 관계 있는 이름이 많다. 제주도의 방언 볼래나무, 볼네나무를 비롯하여 전남에서 부르는 보리장나무, 경상도에서 부르는 보리똥나무, 보리밥나무 등이 대표적이다. 또 보리수라는 이름은 이 나무의 열매가 보리의 수확시기와 같은 것에서, 혹은 보리와 닮은 데서 유래된 것으로 추정된다.

복분자딸기 *(Rubus coreanus)* 장미과

♣ 개화기 : 5~6월

전국의 표고 50~1,000m 사이에서 자라는 낙엽활엽의 덩굴성 나무이다. 꽃은 연분홍색이고 열매는 7~8월에 검게 익는다. 복분자딸기로 만든 술이 많이 생산, 판매되고 있다. 복분자(覆盆子)딸기는 이 나무의 열매가 남자의 정력을 좋게 하여 쟁반(盆)을 뒤엎을(覆) 정도로 힘이 좋아진다는 설에서 유래된 이름이다,

복숭아 *(Prunus persica)* 장미과

♣ 개화기 : 4~5월

전국 각지에서 나고 재배하는 낙엽소교목이다. 꽃은 연한 홍색이고 열매는 8~9월에 익는다. 열매는 식용으로 이용되고 씨는 약용으로 이용된다. 복숭아를 한문으로 도(桃)라고 하는데, 이는 목(木)과 음을 나타내는 조(兆)가 합성된 글자로 나중에 조가 도로 발음이 변한 것이다. 조(兆)는 거북의 등딱지를 그을려 생긴 갈라진 금의 모양을 형상화한 것이다. 이는 고대 중국에서 그을린 거북 등딱지의 모양을 가지고 점을 보았기 때문에 점친다는 뜻으로 쓰이며, 조짐(兆朕)이란 말도 이런 의미를 내포하고 있다. 또 무척 많은 수를 나타낼 때도 이 글자를 빌려 썼다.

이러한 면을 미루어 보아 복숭아를 뜻하는 도(桃)를 해석하는 데 몇 가지 방법이 가능하지만, 맛과 관련해서는 임신과 결부시킬 수 있다. 임신했을 때는 흔히 속이 느글거려 신맛이 나는 과일을 찾게 되는데, 달고 시큼한 복숭아가 그 중 하나이다. 따라서 도(桃)는 임신을 알릴 수 있는 조짐(兆朕)의 의미로 해석할 수 있다. 결국 복숭아를 뜻하는 한자 이름 도(桃)에는 신맛이 반영되어 있는 것이다. 우리나라 이름 복숭아는 '복셩화→복숑와/복숑아→복숭아' 라는 변화과정을 거쳐왔지만 그 어원은 불분명하다.

부용 *(Hibiscus mutabilis)* 아욱과

♣ 개화기 : 8~10월

중국 원산으로 제주도 서귀포에 자생하는 낙엽활엽소교목이다. 꽃은 연한 붉은색이고 열매는 10~11월에 익는다. 중국에서는 목부용(木芙蓉) 또는 거상(拒霜)이라고도 하며, 목부용의 꽃을 부용화(芙蓉花)라고 하는데 여기에서 유래된 이름이다. 일본 이름은 부용(芙蓉)이다.

분꽃나무 *(Viburnum carlesii)* 인동과

♣ 개화기 : 4~5월

중부 이남의 산록 양지에서 자생하는 낙엽활엽관목이다. 꽃은 연한 분홍색으로 분꽃과 유사하며, 열매는 9~10월에 익는다. 그러므로 분꽃나무는 '분꽃+나무' 형태로 이루어진 이름으로, 분꽃과 비슷한 꽃을 갖는 나무라는 뜻에서 유래된 이름인 것으로 추정된다. 일설에 의하면 분꽃나무의 잎과 꽃이 분가루를 바른 것처럼 부드럽게 보이는 데서 분꽃나무라는 이름이 유래되었다고 한다. 한편 분꽃에서 분은 분꽃의 씨앗을 분가루로 이용한 데서 유래된 것이다.

불두화 *(Viburnum sargentii for. sterile)* 인동과

♣ 개화기 : 5~6월

한국이나 일본의 정원이나 사찰에서 흔히 식재하는 낙엽활엽관목으로 꽃은 흰색이다. 불두화(佛頭花)는 둥글고 하얀 꽃을 부처님의 머리에 비유한 데서 유래된 이름이다. 즉 둥근 꽃차례에 작은 꽃들이 모여 있는 모양이 부처의 동그랗고 곱슬거리는 머리카락을 연상시킨다는 것이다. 북한 이름은 큰접시꽃나무이며, 일본 이름은 수구간목(手毬肝木)이다.

붉가시나무 *(Quercus acuta)*

참나무과

♣ 개화기 : 5월

제주도와 전남 지역의 양지 바른 산기슭과 계곡에서 자라는 상록활엽교목으로, 열매인 도토리는 10월에 익는다. 이 나무의 목재 색깔이 붉은 빛을 띠고 전체적으로 가시나무와 비슷한 데서 유래된 이름이다.

붉나무 *(Rhus chinensis)* 옻나무과

♣ 개화기 : 7~9월

전국의 표고 100~1,300m에서 자라는 낙엽활엽소교목이다. 암수딴그루이며 꽃은 황백색으로 피고, 열매는 10월에 흰색으로 익는다. 가을에 양지 쪽에서 볼 수 있는 진붉은색의 단풍은 대부분 개옻나무와 붉나무일 정도로 붉은 것이 특징인데, 붉나무라는 이름은 이와 같은 특성에서 유래된 것이다. 단풍 빛이 불이 타듯 붉은 탓에 서북지방이나 전남지방에서는 불나무, 강원도에서는 뿔나무, 경상도에서는 굴나무라고 부르기도 한다. 다른 이름에는 염부목(鹽膚木)이 있다. 염부목은 소금 염(鹽), 피부 부(膚), 나무 목(木)자로 이루어진 이름으로 소금맛의 흰 피부로 덮여 있다는 뜻인데, 실제로 이 나무의 열매는 짠맛이 난다. 그래서 옛날 산간벽지에서는 이 나무의 열매를 찧어 물에 넣고 주물러 짠맛을 우려내어 그 물로 두부를 만드는 간수로 활용하였다. 한편 붉나무의 잎에는 흔히 황갈색의 벌레집이 달리는데, 이것을 오배자(五倍子)라 하며 약으로 쓰거나 염료로 사용한다.

붓순나무 *(Illicium religiosum)*

붓순나무과

♣ 개화기 : 3~4월

제주도, 진도, 완도의 표고 700m 이하의 산지에서 자라는 상록활엽소교목이다. 녹백색의 꽃이 피고 열매는 황색으로 9월에 익는다. 붓순나무는 '붓+순+나무' 형태로 구성된 이름으로, 순이 나오는 모양이 붓처럼 생긴 데서 유래된 것이다.

비자나무 *(Torreya mucifera)* 주목과

♣ 개화기 : 4월

상록침엽교목으로 암수딴그루이다. 전라도 백양산과 내장산에 자생하고 제주도에 대군락을 이루고 있다. 열매는 다음해 9~10월에 익는데 식용 및 촌충구제용으로 이용된다. 비자나무는 중국 이름 비자(榧子)를 차용한 것이다. 중국 이름 비자는 《본초강목》의 저자 이시진(李時珍)에 의하면 이 나무의 목재가 아름답고(斐然) 장채(章采)가 있는 데서 비(榧)자가 유래된 것이며, 자(子)자는 열매가 많이 열리는 데서 유래된 것으로 밝히고 있다. 비자(榧子)나무에는 바늘 같은 잎이 좌우로 줄처럼 달려 있는데, 이것이 한자의 아닐 비(非)자를 닮았다는 데서 비자(榧子)나무라는 이름이 붙었다는 설도 있다.

비파나무 *(Eriobotrya japonica)* 장미과

♣ 개화기 : 10~11월

중국 원산의 활엽상록소교목이다. 꽃은 흰색이고 열매는 다음해 6월에 익는데 식용으로 사용한다. 비파(枇杷)나무는 잎의 모양이 악기 비파(琵琶)와 유사한 데서 피파(pipha)라 부르고, 후에 비파(枇杷)라는 이름을 붙인 데서 유래된 것이다. 악기(樂器)인 비파(琵琶)는 산스크리트어 비판키(vipanki)에서 유래된 것이다.

비파는 비파가 내는 소리를 본딴 것이라는 설도 있다. 비파를 탈 때 손을 밀어서 줄을 당기면 '삐~비' 라는 소리가 나며 손을 당겨서 줄을 튕기면 '삐~피' 라는 소리가 난다는 것이다. 이 두 가지 특징을 따라서 '삐삐~비파' 라고 부르게 되었다는 설이다.

빗죽이나무 *(Cleyera japonica)* 차나무과

♣ 개화기 : 5~6월

제주도의 표고 800m 이하에서 자라는 상록활엽소교목이다. 꽃은 흰색으로 피었다가 황색으로 변하고, 열매는 10월에 검은색으로 익는다. 이름은 다른 식물에 비해 비교적 늦은 1942년에 붙여졌으며, 제주 방언으로부터 유래되었다.

빗죽이나무라는 이름은 '빗죽이+나무' 형태로 이루어진 이름인데, 빗죽이는 이 나무의 잎눈 모양이 가늘고 삐죽한 데서 유래된 것이다. 다른 이름에는 비쭈기나무, 비쭉이나무가 있는데, 이들 이름 또한 잎눈 모양이 가늘고 삐죽한 데서 유래된 것이다.

뽕나무 *(Morus alba)*

뽕나무과

♣ 개화기 : 4~6월

ㅂ

전국 각지의 마을 부근에 심는 낙엽활엽교목으로 암수딴그루이다. 열매는 6~7월에 검은색으로 익는다. 뽕나무의 열매 오매(오디)는 맛이 좋을 뿐만 아니라 변비에도 효험이 좋다. 오디에는 당분, 펙토스, 프라보노이드, 호박산배당체 등의 성분이 있어 위의 소화기능을 촉진시키고 대변의 배설을 순조롭게 한다. 그 때문에 사람들이 많이 먹기도 하였는데 먹고 나면 방귀가 뽕뽕 나온다. 이 때문에 뽕나무라는 이름이 붙었다고 한다. 오디나무라고도 한다. 뽕나무의 중국 이름은 상(桑)자를 쓴다. 이것은 뽕나무의 모양을 그림으로 그린 상형문자인데, 나무 위에 뽕나무 열매 오디가 다닥다닥 붙어 있는 모양이다. 일본 사람들은 뽕나무를 식엽(食葉)이라고 부르는데, 이것은 누에가 즐겨 먹는 데서 유래된 것이다.

ㅂ

뽕잎피나무 *(Tilia taquetii)*

피나무과

♣ 개화기 : 6월

전국 각지에서 나는 낙엽활엽소교목으로 꽃은 연한 노란색으로 피며 열매는 10월에 익는다. 뽕잎피나무는 '뽕잎+피나무' 로 구성된 이름으로 뽕잎은 이 나무의 잎이 뽕나무 잎을 닮은 데서, 피나무는 이 나무가 피나무 종류인 데서 유래된 것이다. 북한 이름은 뽕피나무이다.

人

사방오리나무 *(Alnus firma)*

자작나무과

♣ 개화기 : 3월

일본 원산으로 1940년경에 도입하여 전국에서 사방용으로 많이 식재해온 낙엽활엽교목이다. 열매는 10월에 익으며 염료로도 쓰인다. 사방오리라는 이름은 용도에서 유래된 것이다. 즉 남부지방에서 사방공사를 할 때 이 나무를 많이 심은 데서 유래된 것으로, 사방공사에 심는 오리나무라는 뜻이다.

사시나무 *(Populus davidiana)*

버드나무과

♣ 개화기 : 4월

전국의 표고 100~1,900m에 이르는 지역에서 자라는 낙엽활엽교목으로 암수딴그루이다. 잎자루가 길어 약간의 바람에도 잎이 벌벌 떤다는 데서 유래된 이름이라고 한다. 이 나무의 특성에서 심하게 떠는 것을 보고 사시나무 떨 듯하다는 말이 생겼다고 한다.

ㅅ

사철나무 *(Euonymus japonicus)* 노박덩굴과

♣ 개화기 : 6~7월

중부 이남의 해변에 자생하는 상록활엽관목이다. 꽃은 푸른색을 띤 흰색이고 열매는 10월에 붉게 익는다. 사철나무는 상록관목으로 잎이 사철 내내 푸른 데서 유래된 이름이다. 이 나무는 이름과 같이 사철 푸른 잎을 달고 있지만 한번 돋은 잎이 그대로 있는 것은 아니고 조금씩 잎을 갈아가기 때문에 사철 푸르게 보인다. 북한 이름은 푸른나무이다. 사철나무 중에서 녹색 바탕의 잎 가장자리에 흰 줄무늬가 있는 것을 은테사철, 흰 반점이 있으면 흰점사철, 노란 줄이 가장자리에 있으면 금테사철, 황금색 무늬가 많으면 황금사철, 황록색 반점이 있는 것을 황록사철이라 부른다.

산개나리 *(Forsythia saxatilis)* 물푸레나무과

♣ 개화기 : 3~4월

북한산, 관악산 특산의 낙엽활엽소관목으로, 꽃은 연황색이며 열매는 10월에 익는다. 개나리 종류로 북한산에 자생한 데서 처음에는 북한산개나리라 하였으나 후에 산개나리로 이름이 바뀌었다. 그런데 이 식물의 이름을 붙이기 전(1937년)부터 학명과 일본 이름은 바위 곁에 자라는 개나리라는 뜻을 갖고 있었기 때문에 이 식물의 이름을 붙일 때 학명과 일본 이름을 참조했을 가능성이 크다.

ㅅ

산사나무 *(Crataegus pinnatiflda)* 장미과

♣ 개화기 : 5월

전국의 산록 및 인가 주변에서 자라는 낙엽활엽소교목이다. 꽃잎은 흰색이고 열매는 9~10월에 익는데 식용과 약용으로 쓰인다. 산사나무는 중국 이름 산사수(山查樹)에서 유래된 것이다. 중국 이름 산사수는 산(山)에서 자라는 아침(旦, 해뜨는 모양)의 나무(木)로 풀이되는데, 이는 산사나무의 붉은 열매와 흰 꽃을 붉은 태양이 떠서 환해지는, 즉 해뜨는 아침에 비유한 데서 유래된 것으로 추정된다. 북한에서는 찔광나무라고 부른다.

산수유 *(Cornus officinalis)* 층층나무과

♣개화기 : 3~4월

중부 이남 지역에서 재배하는 낙엽활엽소교목으로, 꽃은 노란색이고 열매는 8~10월에 붉게 익는다. 산수유(山茱萸)는 수유(쉬나무)에서 유래된 것이다. 즉 수유(茱萸)는 나무의 열매가 빨갛게 익는 데서 茱(수)자가 유래되었고, 싱그러운 열매를 생으로 먹는 게 가능하다는 뜻에서 萸(유)자가 유래되었다. 산수유 열매도 10월경에 빨갛게 익고 열매를 식용으로도 이용하기 때문에, 산에서 자라는 수유라는 뜻에서 산수유라는 이름이 붙은 것이다. 산수유에는 석조, 촉산조, 육조 등 여러 한자 이름이 있는데, '조'라는 글자는 대추나무 조(棗)자이다. 아마 산수유의 열매가 대추를 닮은 데서 유래된 듯싶다.

산초나무 *(Zanthoxylum schinifolium)* 운향과

♣ 개화기 : 8월

전국의 표고 1,000m 이하의 산야에서 자생하는 낙엽활엽관목이다. 암수딴그루이며 꽃은 황록색이고, 열매는 10월에 익는다. 산초나무는 산에서 자라면서 향기를 내는 데서 유래된 이름이다. 향기가 있기 때문에 산초나무의 열매는 식용유를 만드는 원료이며 여러 가지 조미료로 사용된다. 농촌의 주택 주변에 심어놓으면 모기가 모여들지 않는다고 한다. 북한 이름은 분지나무이다. 상초라고도 부른다.

산팽나무 *(Celtis aurantiaca)* 느릅나무과

♣ 개화기 : 4~5월

경북, 충북, 황해도 이북에 자생하는 낙엽활엽교목이다. 열매는 등황색으로 10월에 익는다. 산팽나무는 '산+팽나무' 형태로 이루어진 이름인데, 산은 북부지방의 산에서 자생하는 데서, 팽나무는 이 식물이 팽나무 종류인 데서 유래된 것이다. 한편, 팽나무의 한자 이름은 팽목(憉木)으로 굳센체할 팽(憉)자와 나무 목(木)자로 이루어져 있으며, 이 나무가 가구재, 운동기구재뿐만 아니라 도마재료로서 가장 좋다는 점을 고려해 볼 때 나무의 용도에서 유래되었을 가능성이 크다.

산호수 *(Ardisia pusilla)* 자금우과

♣ 개화기 : 6~8월

제주도의 표고 300m 이하에서 자생하는 상록활엽관목이다. 꽃은 흰색이고 열매는 둥근 모양으로 10월부터 다음해 3월까지 붉게 익는다. 산호수는 줄기가 산호(珊瑚)의 가시처럼 뻗은 나무라는 데서 유래된 이름이다.

살구나무 *(Prunus armeniaca)* 장미과

♣ 개화기 : 4월

중부 이남에 자생하고 마을 부근에서 재배하는 낙엽활엽소교목이다. 꽃은 연분홍색이며 열매는 6~7월에 노랗게 익는다. 살구는 한의학적으로 여러 가지 효능이 있는데, 《동의보감(東醫寶鑑)》에 의하면 개고기를 먹고 체했을 때 살구를 먹으면 풀리고, 개(狗)가 살구를 먹으면 죽게 된다(殺)는 기록이 있다. 이러한 살구의 효능 때문에 살구는 殺狗(살구)에서 유래되었다는 주장이 있다. 하지만 이는 잘못된 것으로 생각된다. 우리나라 최초의 국어사전인 《훈몽자회》(1527)에 살구를 슬고라 표기했고, 《물명고(物名攷)》에는 살고로 기록되어 있으며, 1800년대 말경에서야 살구로 표기하였는데, 그 시기에 개(狗)는 구(狗)가 아니고 가히로 표기하였다. 따라서 시기적으로 맞지 않으므로 살구라는 단어는 순수 우리말로 殺狗(살구)와는 관계가 없는 것이므로 언어학 측면에서 어원에 대한 조사가 필요한 이름이다.

ㅅ

삼지닥나무 *(Edzeworthia papyrifera)* 팥꽃나무과

♣ 개화기 : 3월

남부의 인가 부근에 재식하는 낙엽활엽관목으로 중국 원산이다. 꽃은 노란색으로 피며 열매는 7월에 익는다. 삼지(三枝)닥나무는 '삼지+닥나무'로 구성된 것으로, 삼지는 나뭇가지가 정확하게 3개씩 갈라지는 데서 유래된 것이다. 북한 이름으로 황서향나무, 삼아나무가 있다.

상동나무 *(Sageretia theezans)*

갈매나무과

♣ 개화기 : 10~11월

남쪽 섬의 표고 200m 이하에서 자생하는 반상록성 활엽관목이다. 꽃은 노란색이며 열매는 둥근 모양으로 다음해 4~5월에 흑자색으로 익는다. 상동나무는 이 나무가 반상록 상태로 겨울을 난다 해서 생동목(生冬木)이란 이름이 붙었고, 이것이 생동나무를 거쳐 상동나무로 변화된 것으로 추정된다.

상수리나무 *(Quercus acutissima)* 참나무과

♣ 개화기 : 5월

전국의 산지에서 나는 낙엽활엽교목으로, 열매인 도토리는 다음해 10월에 익는다. 상수리나무는 '상+실+이'로 구성된 이름이다 즉 '橡(도토리 상, 상수리 상)+實(열매 실)+이(접사)'로 상실이라는 이름이 붙었고, 이것이 상수리로 변한 것으로 추정된다. 일설에 의하면 상수리나무는 원래 토리였는데 임진왜란 당시 의주로 몽진한 선조는 제대로 먹을 만한 음식이 없자 이 토리나무의 열매 토리, 즉 지금으로 말하면 도토리를 가지고 묵을 쑤어 먹었는데, 이때 도토리묵에 단단히 맛을 들인 선조는 그 후로 도토리묵을 즐겨 찾았다. 그래서 늘 수라상에 올랐다 하여 상수라고 부르게 되었고, 이 말이 훗날 상수리가 되었으며, 이 상수리가 열리는 나무라는 뜻에서 상수리나무라는 이름이 유래되었다는 설이 있다. 북한에서는 도토리나무라고 부르고 있으며, 참나무라고도 한다.

ㅅ

생강나무 *(Lindera obtusiloba)*

녹나무과

♣ 개화기 : 2~3월

전국의 표고 100~1,600m 사이에서 자생하는 낙엽활엽관목이다. 암수딴그루이며 꽃은 잎보다 먼저 황색으로 피고, 열매는 9월에 검게 익는다. 생강나무는 잎과 가지에 방향성 정유를 함유하고 있어 꺾거나 상처가 나면 생강 냄새가 나는 특성에서 유래된 이름이다. 생강나무의 어린 가지와 잎을 말려 가루로 만든 후 생강 대신 향료로 쓸 수 있을 만큼 생강 냄새가 두드러진다. 그러면서도 생강처럼 쏘지 않고 산뜻하며, 냄새가 아니라 향기로 느껴진다. 한방에서는 생강나무를 황배목이라 하는데, 이는 매화처럼 일찍 노란 꽃이 피는 데서 유래된 것이다. 산동백이라고도 부른다.

ㅅ

서양측백나무 *(Thuia occidentalis)*

측백나무과

♣ 개화기 : 4~5월

북아메리카 동북부 원산의 상록교목이다. 열매는 10월에 익으며 울타리용으로 많이 심는 나무이다. 서양측백나무는 '서양+측백나무' 형태의 이름으로, 원산지가 북미 지역인 측백나무라는 뜻에서 유래된 것이다.

ㅅ

서향나무 *(Daphne odora)*

팥꽃나무과

♣ 개화기 : 4~5월

중국 원산의 상록활엽관목이다. 중국 이름 서향(瑞香)을 차용한 것으로, 서향은 좋은(瑞) 향(香)이라는 뜻에서 유래된 것이다. 별명으로 천리향, 서향으로도 불린다.

석류나무 *(Punica granatum)*

석류과

♣ 개화기 : 5~6월

우리나라 남부에 재식하는 낙엽활엽소교목으로 이란, 아프가니스탄, 파키스탄이 원산이다. 꽃은 붉은색이고, 열매는 9~10월에 붉은 노란색으로 익으며 약용과 식용으로 이용된다. 석류는 페르시아(지금의 이란)와 서부 인도가 원산지인데, 그곳을 중국 말로는 안석국(安石國)이라 했다. 중국 한(漢)나라 때 효무제(孝武帝)의 사신으로 갔던 장건(張騫)이란 사람이 돌아올 때 석류를 선물로 가지고 왔다. 그런데 그 모양이 울퉁불퉁하므로 마치 혹과 같이 생겼다 하여 유(榴)라고 했고, 안석국에서 왔다고 해서 안석류(安石榴)라 이름 지었으며, 이것이 후에 석류(石榴)가 되었다. 즉 석류는 안석국에서 도입한 울퉁불퉁한 과일이라는 뜻에서 유래된 이름인데, 우리나라에서는 이 이름을 차용한 것이다.

섬개야광나무 *(Cotoneaster wilsonii)* 장미과

♣ 개화기 : 5~6월

울릉도에서 표고 500m의 바위틈에서 자생하는 낙엽활엽관목이다. 꽃은 흰색이고 열매는 9~10월에 붉게 익는다. 개야광나무와 비슷하고 울릉도에서 자생하는 데서 유래된 이름이다. 한편 조선시대 실학자 유희가 쓴 《물명고》(1824)에는 초본류 545종, 목본류 206종에 대해 한글 이름이 표기되어 있는데, '섬' 자가 접두어로 참여한 이름은 하나도 없다. 그런데 오늘날에는 다수의 식물에 자생지가 울릉도 혹은 섬을 나타내는 접두사로 쓰이고 있다. 이것은 일제 강점기 때 일본인들이 울릉도 자생식물 이름에 '섬' 자를 접두어로 사용한 데서 유래된 것이다. 그러므로 식물 이름에서 접두어 '섬' 이 사용된 것은 일본식 나무 이름의 표기라고도 할 수 있다. 현재 '섬' 자가 접두어로 사용된 나무 이름은 울릉도가 자생지인 섬괴불나무, 섬국수나무, 섬단풍나무, 섬댕강나무, 섬버들, 섬벚나무, 섬잣나무, 섬조릿대, 섬쥐똥나무, 섬피나무, 섬황벽 등이 대표적이다. 섬오갈피는 제주도 특산인 데서, 섬회나무는 거문도 자생인 데서 유래된 이름으로, 섬이 반드시 울릉도만을 가리키는 것은 아니다.

소나무 *(Pinus densiflora)*

소나무과

♣ 개화기 : 5월

전국의 표고 1,300m 이하에서 자생하는 상록침엽교목이다. 꽃은 황색이고 열매는 다음해 9~10월에 익는다. 솔과 나무의 합성어이다. 솔은 위(上)에 있는 높고(高) 으뜸(元)이라는 의미를 지니고 있다. 나무 중에서 우두머리라는 뜻으로, 수리라고 부르다가 술로 변했다. 그리고 다시 오늘날의 이름인 솔로 자리잡게 된 것이다. 한자 이름으로는 줄기가 붉다 하여 적송(赤松), 여인의 자태처럼 부드러운 느낌을 준다 하여 여송(女松), 육지에서 자란다 하여 육송(陸松)이라고도 부른다. 소나무의 송(松)이란 한자에는 중국 진시 황제가 길을 가다 소나기를 만났는데 소나무 덕에 비를 피할 수 있게 되자, 고맙다는 뜻으로 나무에게 공작의 벼슬을 주어 목공(木公), 즉 나무 공작이라 하였고, 이 두 글자가 합해져서 松(송)자가 되었다는 옛 이야기가 전해지고 있다. 별명으로 솔, 암솔, 솔나무, 조선소나무 등이 있다.

소태나무 *(Picrasma quassioides)*

소태나무과

♣ 개화기 : 6월

우리나라 전국 산지의 표고 100~1,100m의 양지에서 드물게 자라는 낙엽활엽소교목이다. 암수딴그루이며 꽃은 황록색이고, 열매는 9월에 붉게 익는다. 소태나무는 약으로 쓰이는 이 나무의 껍질이 지독히 쓴맛을 내는 데서, 즉 소태 맛이 나는 데서 유래된 이름이다.

수국 *(Hydrangea macrophylla)* 범의귀과

♣ 개화기 : 6~10월

중부 이남의 절이나 집에서 재배하는 낙엽활엽관목으로, 꽃은 연한 자주색에서 푸른색 또는 연한 붉은색으로 변한다. 수국은 이 식물이 물(水)을 좋아하고, 꽃은 둥글어 흡사 공(毬)과 같은 모양이라 하여 수구화(水毬花)라는 이름이 붙었고, 이것이 다시 수국으로 발음되었다는 설과, 이 식물이 물(水)을 많이 필요로 하는 국화(菊)라는 뜻에서 수국이 되었다는 설이 있다. 어느 설이나 이 식물이 물을 많이 필요로 하는 것과 관련이 있다. 속명 Hydrangea도 물과 관련이 있는 것으로, 물이라는 뜻의 hydro와 그릇이라는 뜻의 angeion이라는 글자의 합성어이다. 이는 이 속 식물들이 많은 수분을 흡수하고 증산한다는 데서 유래되었다는 설과, 이 식물들이 물가에서 많이 자라고 열매가 그릇 모양이라는 데서 유래되었다는 설이 있다.

ㅅ

수수꽃다리 *(Syringa dilatata)* 물푸레나무과

♣ 개화기 : 4~5월

북한 지방의 석회암 지대에 자생하는 낙엽활엽관목이다. 꽃은 연한 적자색이나 흰색이며 열매는 9월에 익는다. 원추 모양의 꽃차례가 수수이삭과 비슷하여 수수꽃이 달리는 나무라는 뜻에서 유래된 이름이라는 설도 있다. 수수꽃다리에서 수수는 고대시기부터 써온 고유 말이라는 설도 있다. 즉 이삭이 설렁이는 소리를 본따서 생긴 말로, 지금도 풀대나 잔 나뭇가지들이 바람에 자주 흔들리는 것을 낙엽이 우수수 떨어진다는 말로 쓰이고 있다는 것이다. 그러므로 수수꽃다리는 원추 모양의 꽃차례가 바람에 흔들리는 모양에서 유래된 이름일 수도 있다.

북한 이름은 넓은잎정향나무이다. 중국에서는 수많은 수수꽃다리 종류 이름에 사천정향, 홍정향, 화사정향 등 이름 뒤에 꼭 정향(丁香)이라는 글자를 붙여 부른다. 이 정향이라는 한자도 고무래 정(丁), 향기 향(香)자로 향기가 짙은 꽃을 강조하기 위해 붙여진 이름이라는 설과, 위가 벌어지면서 아래로 화통이 긴 꽃 모양이 고무래 정(丁)자와 비슷하여 붙여진 이름이라는 설이 있다. 그런데 중국에서는 수수꽃다리 종류를 집 앞뜰이나 뒤뜰에 심지 않는 관습이 있다. 이는 비록 향은 좋지만 이름이 정향수(丁香樹)이기 때문이다. 즉 정향(丁香)에서 정(丁)은 못을 의미하는 정(釘)과 같은 발음이므로 집 안에 정향(丁香)을 심으면 가족간의 갈등, 불화가 일어날 수 있다고 믿었기 때문이다. 영어 이름은 라일락(lilac)이다.

수양버들 *(Salix babylonica)* 버드나무과

♣ 개화기 : 4월

중국 원산의 낙엽활엽교목으로 암수딴그루이다. 꽃은 노랗게 피며 씨앗은 암그루에 달리고 6월에 익는데, 털이 많아서 심하게 날려 고초열이 우려되기도 한다. 수(隋)나라 양제(煬帝)가 양자강에 대운하를 만들고 그 언덕에 버드나무를 심은 데서 수류(隋柳) 또는 양류(柳)라는 이름이 유래되었고, 여기서 수양(隋煬)버들이란 이름이 유래되었다는 설이 있다. 수양(垂楊)버들은 가지가 길게 늘어지는 버들이란 뜻에서 유래되었다는 설도 있다.

그런데 이시진(李時珍)의 《본초강목(本草綱目)》에서 양(楊)은 나뭇가지가 단단하여 위로 뻗는(揚) 까닭에 양(揚)의 음을 따서 양(楊)으로 하고, 류(柳)는 가지가 약하고 아래로 흐르므로 수류(垂流)로 류(流)의 음과 같은 류(柳)로 나타내었다는 기록이 있다. 이것은 수양버들의 가지가 길게 늘어지는 버들이란 뜻에서 유래되었다는 설과는 배치되는 개념이다. 그렇지만 왕버들(河柳)과 고리버들(杞柳)은 가지가 바로 서지만 모두 류(柳)라는 글자가 들어 있으므로 보다 상세한 연구가 필요하다고 생각된다.

순비기나무 *(Vitex rotundifolia)* 마편초과

♣ 개화기 : 7~9월

서해 도서에 널리 분포되어 있는 상록활엽관목이다. 꽃은 자색이며 열매는 흑갈색으로 9~10월에 익는데 만형자라고 하여 약용으로 이용된다. 길이 1~10m까지 자란다. 순비기나무는 제주도 방언 '숨비기'에서 유래된 것으로 추정된다. 즉 제주도 방언 '숨비기'는 해녀가 물 속으로 들어간다는 뜻인데, 이 나무가 제주도에 자생하고 있으며 나무의 줄기가 모래땅에 숨어 뻗어나가는 특성이 있기 때문이다. 별명으로 만형자나무가 있다.

쉬나무 *(Evodia danielii)* 운향과

♣ 개화기 : 7~8월

전국에 자생하는 낙엽활엽교목이다. 꽃은 흰색이고 열매는 둥근 모양이며 9~10월에 검은색으로 익는다. 식물 이름에서 접두사 쇠와 쉬는 '작은'의 뜻을 나타내는 경우가 많다. 그러므로 쉬나무도 '쉬+나무'로 해석하면 작은 나무라 할 수 있으나 그렇지 않다. 쉬나무에서 쉬는 수유(茱萸)나무라 불리던 것에서 수유가 발음상 단축되어 쉬나무로 된 것이다. 수유는 이 나무의 열매가 빨갛게 익는 데서 茱(수유 수)자가 유래되었으며, 싱그러운 열매를 생으로 먹는 게 가능하다는 뜻에서 萸(수유 유)자가 유래된 것이다. 그런데 쉬나무의 열매는 제유(製油)하여 등유, 머릿기름, 피부병 약으로 사용하거나 디젤 기름의 대체 에너지로 쓸 수 있으며, 새들의 먹이가 되지만 식용은 거의 하지 않는다. 북한 이름은 수유(茱萸)나무이다.

ㅅ

신갈나무 *(Quercus mongolica)* 참나무과

♣ 개화기 : 5월

전국 각지에 자생하는 낙엽활엽교목으로, 열매인 도토리는 9월에 익어 식용으로 이용된다. 신갈나무는 '신+갈나무'로 구성된 것으로 보인다. 신은 새롭다는 뜻이므로 갈나무를 기본 종으로 할 때 갈나무와 비슷하지만 새롭다는 뜻에서 이름을 부여한 것으로 추정된다. 그렇다면 갈나무는 어떤 것일까? 국어사전에는 떡갈나무의 준말이라고 기술되어 있다.

ㅅ

신나무 *(Acer ginnala)* 단풍나무과

♣ 개화기 : 5~7월

전국의 산야에 자생하는 낙엽활엽소교목이다. 꽃은 연두색이고 향기가 있으며 열매는 9~10월에 익는다. 신나무는 풍(楓, 단풍나무 풍)자의 옛 음에서 유래된 이름이다. 즉 '싣(楓)+나모(木)=싣나모→싯나모→신나모→신나무'로 변화된 것이다. 신나무는 단풍나무과로 옛날에는 단풍나무로 불리던 나무이다. 중국에서는 현재 단풍나무를 축수(槭樹)라 하며, 신나무를 풍수(楓樹)라 한다. 다른 이름으로는 색목(色木)이 있는데, 이는 염료로 쓰이는 나무라는 뜻에서 유래된 것이다. 북한에서는 시닥나무라고 부른다.

ㅅ

실거리나무 *(Caesalpinia japonica)*

콩과

♣ 개화기 : 5~6월

전북 어청도와 충남 외면도 이남의 섬과 해변에서 자생하는 낙엽활엽관목이다. 꽃은 노란색이며 열매는 9월에 흑갈색으로 익고 이질에 약용으로 사용한다. 이름은 1937년에 제주 방언이 반영되어 붙여졌는데, 식물체에 있는 가시가 밑으로 고부라져 실을 걸을 수 있다는 뜻에서 유래된 것이다. 가지 또한 갈고리처럼 휘어 있어 실처럼 가는 것도 잘 걸릴 수 있는 형태이다. 총각귀신나무, 뛰거리나무, 띠거리나무 등의 이름도 있는데, 북한에서는 띠거리나무로 부른다.

ㅇ

ㅇ

아그배나무 *(Malus toringo)*

장미과

♣ 개화기 : 5월

황해도와 경기 이남에 자생하는 낙엽활엽소교목이다. 꽃은 연분홍색이나 흰색이며, 열매는 9~10월에 붉게 익는다. 아그배나무는 공 모양의 열매를 맺는데 이 열매는 옅은 황색 또는 홍색으로 익었다가 오래되면 흑색으로 변하며, 아그배라 하여 식용되기도 한다. 아그배나무라는 이름은 이 나무의 작은 열매가 아기배(작은 배) 모양이라서 아기배나무라는 이름이 붙은 다음, 이것이 다시 아그배나무가 된 것이다. 일설에는 이 나무의 잎이 갈라지는 형태에서 '아귀'가 유래되었고, 이것이 아그배로 되었다는 설도 있다.

아왜나무 *(Viburnum awabuki)* 인동과

ㅇ

♣ 개화기 : 6월

제주도 등 남부 도서지방의 표고 400m 이하에서 자생하는 상록활엽교목이다. 꽃은 흰색이나 분홍색이며, 열매는 9~10월에 붉게 익는다. 아왜나무는 제주도의 방언 '아왜낭'에서 유래된 것으로 추정된다. 아왜낭은 이 나무의 종명 아와부키(awabuki)에서 유래된 것으로 보이는데, 종명 awabuki는 일본 이름에서 유래된 것으로 나도밤나무를 뜻한다.

ㅇ

애기동백 *(Camellia sasanqua)*

차나무과

♣ 개화기 : 10~12월

일본 원산의 상록소교목으로 꽃은 붉게 핀다. 최근에 우리나라에서 조경용으로 많이 심고 있다. 애기동백은 '애기+동백' 으로 구성된 이름이다. 식물 이름에서 애기는 크기가 작거나 앙증맞다는 뜻으로 많이 쓰인다. 그러므로 애기동백은 동백나무 종류로 동백에 비해 키와 꽃이 작은 데서 유래된 이름이다.

애기등 *(Millettia japonica)* 콩과

♣ 개화기 : 7~8월

전남과 경남에 자생하는 낙엽활엽성 덩굴나무로, 꽃은 흰색이고 열매는 10월에 익는다. 애기등은 등나무와 외형상으로는 비슷하지만 줄기가 가늘고 짧아 매우 왜소한 느낌이 드는 데서 유래된 이름이다.

앵두나무 *(Prunus tomentosa)* 장미과

♣ 개화기 : 4월

전국의 인가 부근에서 재배하는 낙엽활엽관목으로, 중국 화북지방이 원산인 식물이다. 꽃은 흰색이나 연분홍색이며, 열매는 6월에 붉게 익는다. 중국 이름 앵도(櫻桃)가 발음하기 쉬운 앵두로 변한 데서 유래된 이름이다. 중국 이름 앵도는 이 나무의 열매를 꾀꼬리(鶯, 꾀꼬리 앵)가 먹으며, 생김새가 복숭아(桃, 복숭아 도)와 비슷해서 앵도(鶯桃)라고 한 데서 유래된 것이다.

야광나무 *(Malus baccata)* 장미과

♣ 개화기 : 5~6월

중부 이북의 표고 100~1,700m의 산지에서 자생하는 낙엽활엽소교목이다. 꽃은 흰색이며 열매는 9~10월에 붉게 익는다. 야광(夜光)나무는 이 나무의 새하얗게 핀 꽃이 밤에 빛을 발하는 것 같다는 데서 유래된 이름이다. 북한에서는 매지나무라고 한다.

연필향나무 *(Juniperus virginiana)* 측백나무과

♣ 개화기 : 4~5월

1930년경에 우리나라에 도입된 북아메리카 원산의 상록침엽교목으로, 종자는 다음해 10월에 익는다. 연필향나무는 '연필+향나무' 형태로 연필은 이 나무의 목재를 연필 재료로 이용한 데서, 향나무는 이 나무가 향나무 종류인 데서 유래된 이름이다.

염주나무 *(Tilia megaphylla)*

피나무과

♣ 개화기 : 6월

강원도 계방산, 금강산 등지에 자생하는 낙엽활엽교목으로, 열매는 10월에 익는다. 염주(念珠)나무는 용도에서 유래된 이름으로, 이 나무의 열매가 스님의 염주를 만드는 데 쓰인 데서 유래된 것이다. 북한에서는 구슬피나무라고 한다.

영춘화 *(Jasminum nudiflorum)* 물푸레나무과

♣ 개화기 : 3~4월

중국 북부가 원산인 낙엽활엽소교목으로, 꽃은 노란색이다. 영춘화는 중국 이름 영춘화(迎春花)를 차용한 것으로, 개화 특성에서 유래된 이름이다. 즉 이른 봄에 꽃이 피므로 봄을 맞이하는 꽃이라는 뜻에서 유래되었다.

오갈피나무 *(Acanthopanax sessiliflorus)* 두릅나무과

♣ 개화기 : 8~9월

전국의 산야에 자생하는 낙엽활엽관목으로, 열매는 10월에 검은색으로 익는다. 오갈피나무는 잎이 5개 혹은 3개의 길쭉한 잎들이 한 자리에 둥글게 모여 달려 마치 손가락을 펴놓은 것 같은 특이한 모양이다. 그래서 잎이 5개로 각각 갈라지고 껍질을 약재로 쓴다는 뜻에서 오가피(五加皮)라는 이름이 붙여졌고, 이것이 오갈피나무로 변한 것이다.

ㅇ

오동나무 *(Paulownia coreana)*

현삼과

♣ 개화기 : 5~6월

중부 이남의 따뜻한 곳에서 자생하는 낙엽활엽교목이다. 꽃은 흰 빛을 띤 자주색이고 열매는 10월에 익는다. 이 나무의 옛 이름이 머귀나무인데, 이것을 한자식으로 표현하여 머귀 오(梧)와 머귀 동(桐)을 합하여 오동(梧桐)이라는 이름이 유래되었다고 한다.

오리나무 *(Alnus japonica)* 자작나무과

♣ 개화기 : 3~4월

전국의 표고 50~1,200m에서 자생하는 낙엽활엽교목으로, 열매는 10월에 익는다. 농요(農謠)에 '십리(十里) 절반 오리(五里)나무' 라고 되어 있듯이 이정표(里程標)로 하기 위해 이 나무를 오리(五里)마다 심은 데서 유래된 이름이다. 물감나무라는 이름도 있는데 이는 염료로서의 용도에서 유래된 것이다. 즉 이 나무를 삶으면 붉은색, 나무 껍질에서는 다갈색, 열매와 논의 개흙을 섞으면 검은 물이 들었다고 하는데, 이는 나무 껍질과 열매에 타닌이 함유되어 있기 때문이다. 특히 어망이나 물고기를 잡는 도구인 반두라는 기구에는 꼭 이 물을 들였다고 한다.

오미자 *(Schizandra chinensis)* 목련과

♣ 개화기 : 5~7월

전국의 표고 200~1,600m에 걸쳐 자라는 낙엽활엽덩굴성 나무이다. 암수딴그루이며 꽃은 흰색으로 피고, 열매는 8~9월에 암그루에서 붉게 익는다. 오미자(五味子)는 포도송이처럼 아름다운 열매를 맺는데 이 열매의 껍질은 시고, 살은 달고, 씨는 매운맛과 떫은맛이 있으며, 전체는 짠맛이다. 이 때문에 다섯 가지 맛을 낸다 하여 오미자(五味子)라는 이름이 붙었다. 오미자에서 오미(五味)는 다섯 가지 맛을 뜻하고, 자(子)는 식물의 한자 이름에서 보통 열매 또는 종자를 뜻할 때나 열매를 약으로 쓰는 나무 이름에 많이 붙이는 뒷붙이 말이다. 가령 열매나 종자를 뜻하는 것으로는 구골나무의 열매를 구골자, 벽오동의 열매를 오동자, 산사나무의 열매를 산사자라 한다. 이에 비해 오미자, 구기자, 사상자, 복분자딸기, 유자 등은 열매를 약으로 쓰는 나무인데 나무 자체의 이름에 자(子)자가 쓰인 것이다.

오죽 *(Phyllostachys nigra)* 벼과

♣ 개화기 : 6~7월

중국 원산의 상록성 식물이다. 꽃은 60년에 한 번 피는 정도이고 열매는 가을에 익는다. 오죽(烏竹)은 풀이하면 검은 대라는 뜻이다. 줄기의 색깔이 까마귀 색처럼 흑갈색을 나타내는 데서 까마귀 오(烏)자를 차용한 것이다. 죽(竹)은 대나무에 대한 한자 이름으로 대 죽(竹)자는 풀 초(艸)자를 거꾸로 한 모양이어서 거꾸로 된 풀이라는 뜻에서 유래되었다는 설이 있다. 또 대 죽(竹)자는 대나무 가지에 잎이 달린 모양이라고도 하며, 대나무 두 그루가 서 있는 것을 상징하는 글자라는 설도 있다. 북한에서는 검은대, 흑죽이라고 부른다.

올괴불나무 *(Lonicera praeflorens)* 인동과

♣ 개화기 : 3~5월

전국의 표고 100~1,800m 사이에서 자생하는 낙엽활엽관목이다. 꽃은 잎보다 먼저 황백색으로 피고, 열매는 5~10월에 붉게 익는다. 올괴불나무의 구성은 '올+괴불나무'이다. 일반적으로 올 봄이나 올 가을의 올은 이번 해의 봄, 이번 해의 가을이라는 의미로 쓰지만, 식물 이름에서 올은 대부분 '이른'으로 쓰인다. 가령 올벼는 보통벼보다 철 이르게 익는 벼를 가리키며, 올무는 보통보다 일찍 자라는 무를 가리킨다. 또 '농사가 올되다'의 의미는 곡식 따위가 제철보다 일찍 익는 것을 뜻하므로 식물 이름에서 접두사 '올'은 '이른'의 의미와 유사하다고 볼 수 있다. 그러므로 올괴불나무에서도 올은 이른을 나타낸 것으로, 괴불나무 종류 중 가장 먼저 개화하고 5월에 가장 먼저 열매가 성숙하는 데서 유래된 것이라고 할 수 있다. 북한에서의 이름은 올아귀꽃나무이다.

ㅇ

옻나무 *(Rhus verniciflua)*

옻나무과

♣ 개화기 : 5~6월

중국에서 도입된 낙엽활엽소교목이며, 이 나무의 수액을 옻이라 한다. 꽃은 황록색으로 피며, 열매는 9~10월에 연한 황색으로 익는다. 옻나무라는 이름은 옻을 채취하는 나무라는 뜻에서 유래된 것이다.

왕대 *(Phyllostachys bambusoides)* 벼과

♣ 개화기 : 6~7월

상록성 식물로 중국이 원산이다. 왕대는 '왕+대'로 구성된 이름으로, 왕은 대나무 종류 중에서 가장 굵고 크게 자라는 데서 유래된 것이다. 대는 죽(竹)에서 유래되었다는 설이 있다. 즉 죽(竹)의 남방 고음이 덱(tek)인데 끝소리 ㄱ음이 약해져서 우리나라에서는 '대'로 변했다는 것이다. 한편 식물 이름에서 접두사 '왕'은 대부분 비교 대상이 되는 식물에 비해 키, 열매, 잎 등 전체 및 일부분의 크기나 모양이 크다는 것을 나타낸다. 가령 왕괴불나무는 괴불나무 종류로 잎이 큰 데서, 왕느릅나무는 느릅나무 종류로 열매가 큰 데서, 왕머루는 머루 중 열매가 크고 맛이 좋은 데서, 왕버들은 버드나무 종류로 키가 가장 크고 굵게 자라는 데서, 왕초피나무는 초피나무와 비슷하지만 키가 월등히 큰 데서 유래된 이름이다.

용버들 *(Salix matsudana)* 버드나무과

♣ 개화기 : 4~5월

중국 원산의 낙엽활엽교목으로, 꽃은 연황색으로 피고 종자는 5월에 익는다. 용버들은 용과 버들의 합성어로 된 이름으로, 용은 작은 가지가 밑으로 처지고 꼬불꼬불한 모양을 용(龍)의 형상에 비유한 데서 유래된 것이다. 버들은 이 나무가 버드나무 종류인 데서 유래된 것이다. 북한에서의 이름은 고수버들이다.

ㅇ

월계수 *(Laurus nobilis)* 녹나무과

♣ 개화기 : 3~4월

유럽 남부지방 원산으로 우리나라에서는 남부지방에서 재배되는 상록활엽교목이다. 암수딴그루이며 꽃은 황색이고, 열매는 7~9월에 흑자색으로 익는다. 잎을 향료로 사용한다. 월계수(月桂樹)는 영어 이름 Laurel을 번역한 것으로, 월계관을 만드는 데 사용된 나무라는 데서 유래된 이름이다. 서양에서 월계수라고 한 것은 달에서 자라는 나무로 생각한 데서 유래하며, 태양신인 아폴로의 영수(靈樹)로 승리와 영광의 자리에 쓰인다.

위성류 *(Tamarix chinensis)* 위성류과

♣ 개화기 : 봄, 여름

중국이 원산인 낙엽활엽소교목이다. 꽃은 1년에 두 번 피고 연분홍색이며, 열매는 10월에 익는다. 나뭇가지가 아래로 늘어지고 물가에서 잘 자라나는 성질 등이 버드나무를 닮았고, 진(秦)나라의 수도 위성(渭城)에서 이 나무가 자생하는 데서 유래된 이름이다. 중국이름으로 삼춘류(三春柳), 어류(御柳)가 있다. 삼춘류는 1년에 꽃이 세 번 핀다는 데서 유래된 것이며, 어류(御柳)는 당 현종이 총애했던 양귀비가 이 나무를 후원에 심어 놓고 지극정성으로 가꾼 데서 연유한 것이라고 한다.

유동 *(Aleurites cordata)* 대극과

♣ 개화기 : 5월

남부지방에서 심고 있는 낙엽활엽교목으로, 꽃은 흰색이며 열매는 가을에 익는다. 중국이름 유동(油桐)을 차용한 것이다. 유(油)는 이 나무의 열매에서 기름을 짜내는 데서, 동(桐)은 이 나무가 오동나무와 비슷하다는 뜻에서 유래된 것이다.

ㅇ

윤노리나무 *(Pourthiaea villosa)* 장미과

♣ 개화기 : 5~6월

중부 이남의 표고 50~1,200m에서 자생하는 낙엽활엽소교목으로, 꽃은 흰색이고 열매는 9~10월에 붉게 익는다. 목재는 기구의 손잡이로 많이 쓰이는데, 이 나무가 윷을 만들기에 적합하다는 데서 윷놀이나무가 되었고. 이것이 윤노리나무라는 이름으로 변했다는 설이 있다.

ㅇ

으름덩굴 *(Akebia quinata)* 으름덩굴과

♣ 개화기 : 4~8월

울릉도, 제주도와 황해도 이남의 낮은 산지에서 흔하게 자라는 낙엽활엽덩굴성 목본으로, 꽃은 자색이며 열매는 10월에 익는다. 뿌리와 가지는 약용으로, 열매는 식용으로 쓴다. 으름덩굴은 '으름+덩굴'로 구성된 것으로, 으름은 이 나무의 열매 속살이 얼음처럼 보이는 데서 유래된 것이며, 덩굴은 이 나무가 덩굴성인 데서 유래된 것이다.

ㅇ

은행나무 *(Ginkgo biloba)* 은행나무과

♣ 개화기 : 4~5월

전국의 표고 500m 이하에서 주로 분포하는 낙엽성 침엽교목이다. 암수딴그루이며 열매는 9~10월에 익는다. 은행(銀杏)나무라는 이름은 銀(은빛)과 杏(살구)의 합성어로 열매의 겉모양이 살구(杏)와 비슷하고 종자의 겉색깔이 은(銀)색인 나무라는 뜻에서 유래된 것이다. 다른 이름에는 압각수(鴨脚樹)와 공손수(公孫樹)가 있는데, 압각수는 잎이 오리발같이 생긴 데서 유래된 것이며, 공손수는 손자대에 가서야 열매를 본다는 뜻에서 유래된 것이다. 영어 이름은 은행(銀杏)처럼 은빛 살구라는 뜻의 Silver apricot와 금발의 서양 처녀에 해당되는 Maiden hair tree가 있다.

음나무 *(Kalopanax pictus)* 두릅나무과

♣ 개화기 : 5~8월

전국의 표고 100~1,800m에서 자생하는 낙엽활엽교목이다. 꽃은 황록색으로 피고 열매는 10월에 검게 익는다. 음나무는 엄나무에서 유래된 것이다. 즉 이 나무의 줄기에 손으로 만질 수 없을 정도로 가시가 무섭게 나 있는 것이 엄(嚴, 엄할 엄)하게 보인다 해서, 처음에는 엄목(嚴木)이라 하였던 것이 음나무로 된 것이다. 북한에서는 엄나무라고 한다.

이팝나무 *(Chionanthus retusus)* 물푸레나무과

♣ 개화기 : 4~6월

중부 이남의 전국 각처에 분포하는 낙엽활엽교목으로 암수딴그루이다. 꽃은 흰색이며 열매는 9~10월에 검게 익는다. 이름의 유래에 대해서는 여러 가지 설이 있다. 꽃이 만개할 때는 흰 꽃이 흐드러지게 피어 마치 쌀밥을 고봉으로 담아놓은 것 같은 모양이어서 이밥나무라는 이름이 붙여졌고, 이것이 이팝나무가 되었다는 설이 있다. 또 이 나무의 꽃이 만발하면 풍년이 들고 드문드문 필 때는 가뭄의 피해가 있으며 꽃이 잘 피지 않으면 흉년이 온다는 신앙에 가까운 민속 때문에, 이 나무가 쌀밥을 먹고 못 먹는 것을 점쳐준다고 해서 이팝나무라는 이름이 붙었다는 설이 있다.

개화시기와 관련해서는 입하절에 꽃이 피기 때문에 입하목(立夏木)이라고 부르던 것이 입하나무가 되고, 이것이 다시 이팝나무가 되었다는 설이 있다. 조선시대 때 쌀밥을 먹기 위해서는 이씨의 밥을 먹어야 한다는 뜻에서 유래되었다는 설도 있다. 이 가운데 어느 설이 맞는지는 분명하지 않지만, 조팝나무 이름의 유래를 감안하면 꽃이 핀 모습에서 유래되었다는 설이 설득력 있어 보인다.

인동덩굴 *(Lonicera japonica)* 인동과

♣ 개화기 : 6~7월

반상록활엽의 덩굴성 수목으로 전국 산야에서 자생하는 식물이다. 꽃은 처음에는 흰색이나 나중에 노란색으로 변하며, 열매는 9~10월에 검은색으로 익는다. 인동(忍冬)덩굴은 중국 이름 인동(忍冬)을 차용한 것이다. 이 식물은 따뜻한 지방에서는 겨울에도 살아남아 꽃을 피우는데, 이와 같은 특징으로 인해 겨울(冬)이 되어도 추위를 참고 견딘다(忍)는 뜻에서 인동이라는 이름이 유래된 것이며, 덩굴은 이 식물이 덩굴성인 것을 나타낸 것이다.

다른 이름에는 금은화(金銀花)가 있는데, 이는 식물의 꽃이 처음에는 하얗고 다음에는 황색으로 변하는 데서 유래된 이름이다. 이밖에 노옹수는 인동꽃의 수술이 할아버지 수염과 같은 데서, 노사등은 꽃잎이 펼쳐진 모양이 해오라기 같은 데서, 좌전등은 덩굴식물로 줄기가 왼쪽으로 감아 올라가는 데서, 금은등은 금색과 은색이 나는 덩굴식물이라는 데서, 통령초는 귀신을 다스리는 효험이 있는 약용식물이라는 데서 유래된 이름이다.

ㅇ

일본목련 *(Magnolia obovata)* 목련과

♣ 개화기 : 5월

일본 원산의 낙엽활엽교목으로 1920년경에 도입된 식물이다. 꽃은 잎이 나온 다음에 흰색으로 피고, 열매는 9~10월에 홍자색으로 익는다. 수피를 약용으로 사용할 때 후박이라고 부르며, 이 때문에 후박나무라고 불러 녹나무과의 후박나무와 혼동되기도 한다. 목련 종류로 일본 원산인 데서 유래된 이름이다. 일본이 원산지임을 나타내는 이름에는 일본사시나무, 일본잎갈나무, 일본전나무, 일본조팝나무 등이 있다. 북한에서는 황목련이라고 한다.

일본잎갈나무 *(Larix leptolepis)* 소나무과

♣ 개화기 : 5월

흔히 낙엽송(落葉松)이라고도 불리며, 일본 원산이지만 국내에 조림용으로 많이 심어져 있는 낙엽침엽교목이다. 열매는 9월에 익는다. 소나무 잎과 같이 생긴 잎이 하나씩 떨어지는 데서 유래된 이름이다. 일본 이름은 당송(唐松)인데, 잎의 모양이나 자세가 그림에 그려진 당송풍(唐松風)으로 보이는 것에서 유래된 것이다. 북한에서는 창성이깔나무라고 부른다.

잎갈나무 *(Larix olgensis var. koreana)* 소나무과

♣ 개화기 : 5월

중부 이북에 분포하는 낙엽침엽교목으로, 꽃은 황갈색이며 열매는 9~10월에 익는다. 목재는 건축재, 침목, 갱목, 펄프 공예품 등에 사용된다. 잎갈나무는 침엽수이면서도 가을이면 물들어 잎이 떨어지고 봄에 새 잎이 난다. 이렇게 잎을 갈무리한다고 해서 잎갈나무라고 하며, 북한에서는 이깔나무라고 부른다.

ㅈ

자귀나무 *(Albizzia julibrissin)* 콩과

♣ 개화기 : 6~7월

ㅈ

황해도 이남의 50~700m에서 자라는 낙엽활엽소교목이다. 꽃의 윗부분은 붉고 밑은 흰색이며, 열매는 9~10월에 익는다. 자귀나무의 잎은 밤이 되면 작은 잎이 취면운동(就眠運動)을 하는데 이 모양이 귀신 같다고 해서 자귀나무라는 이름이 유래되었다는 설과, 잎이 취면운동을 하는 모습에서 좌귀목이 되었고 이것이 '자괴나모→작외남우→자귀나무'로 변해왔다는 주장이 있다. 또 이 나무가 나무 깎는 연장의 하나인 자귀의 손잡이로 쓰였던 데서 유래된 것이라는 설도 있다. 다른 이름에는 밤이 되면 양쪽으로 난 잎을 서로 맞대고 움츠리는 특성에서 유래된 합환목, 합혼수, 야합수(북한 이름)가 있다. 또 여설수(女舌樹)라는 이름도 있는데, 이는 겨울이 되면 콩 꼬투리처럼 생긴 긴 열매가 다닥다닥 붙어 있는 것이 바람에 의해 달그락달그락 소리를 내는 데서 유래된 것이다.

ㅈ

자두나무 *(Prunus americana)* 장미과

♣ 개화기 : 4월

전북 이북의 인가 부근에서 재배하는 낙엽활엽소교목이다. 1,500년 전쯤 중국에서 도입된 나무로, 꽃은 흰색이고 열매는 7~8월에 적자색으로 익는다. 나무의 열매는 복숭아(桃)와 비슷하고 색깔은 짙은 자홍색(紫紅色)이므로 자도(紫桃)라 하였고, 뒤에 발음하기 쉬운 자두로 부르게 되었다. 오얏나무라고도 하며, 북한 이름은 추리나무이다.

ㅈ

자목련 *(Magnolia liliflora)*

목련과

♣ 개화기 : 3~4월

중부 이남의 정원에 심는 낙엽활엽관목으로 중국이 원산지이다. 꽃은 자색으로 피고 열매는 9~10월에 익는다. 일본 이름 자목련(紫木蓮)을 차용한 것으로, 꽃이 자색인 목련이라는 뜻에서 유래된 이름이다. 중국 이름은 목란(木蘭), 신이(辛夷)이다.

자작나무 *(Betula platyphylla var. japonica)* 자작나무과

♣ 개화기 : 4~5월

ㅈ

강원도, 평안북도, 함경도에 자생하는 낙엽활엽교목이다. 암수한그루이나 유이화서로 암꽃과 수꽃이 따로 피며, 열매는 9~10월에 익는다. 합천 해인사의 팔만대장경도 이 나무로 만들어졌을 만큼 재질이 좋고 잘 썩지 않을 뿐더러 충해를 적게 받아 건축재, 세공재, 조각재 등으로 좋은 나무이다. 자작나무라는 이름은 이 나무의 껍질을 태울 때 자작자작하는 소리가 나는 데서 유래되었다고 한다. 다른 이름에는 백서(白書)라는 것이 있는데, 이것은 옛날 그림을 그리는 화공들이 이 나무의 껍질을 대워서 그 숯으로 그림을 그렸고, 가죽을 염색하는 데 사용하면서 유래된 것이다.

ㅈ

작살나무 *(Callicarpa japonica)*

마편초과

♣ 개화기 : 7~8월

전국의 표고 100~1,200m에서 자라는 낙엽활엽관목이다. 꽃은 연한 자주색이며 열매는 자주색으로 9~10월에 익는다. 작살나무는 줄기의 모양에서 유래된 이름으로, 이 나무의 가지는 어느 것이나 원줄기를 가운데 두고 양쪽으로 두 개씩 정확히 마주보고 갈라져 있는 모양이 영락없는 작살 모양이다. 이 모양은 작살 가운데서도 셋으로 갈라진 삼지창 같으며, 셋으로 갈라진 가지는 다시 작살 모양을 하며 셋으로 갈라지기를 반복한다. 겨울눈 또한 작살과 비슷한 모양이다.

장구밥나무 *(Grewia biloba)*

피나무과

♣ 개화기 : 7월

중부 이남의 해변에서 주로 자라는 낙엽활엽관목으로 연한 황색의 꽃이 핀 다음 10월에 노란색 또는 황적색으로 열매가 열리는데, 이 열매가 진통악기인 장구 모양이라는 데서 유래된 이름이다.

ㅈ

장미 *(Rosa hybrida)*

장미과

♣ 개화기 : 5~10월

낙엽활엽관목 또는 덩굴성 식물이다. 《본초강목(本草綱目)》에 의하면 담장을 의지하고 자란다고 하여 장미(薔靡)라는 이름이 붙었다는 기록이 있는데, 이것이 장미(薔薇)로 전화된 것으로 추정된다. 다른 이름에는 장춘(長春)이 있다. 장춘은 장미의 개화기간이 긴 데서 유래된 것이다. 동양화에서는 장춘이라는 이름 때문에 장미 그림은 청춘을 오래 간직하라는 상징성을 갖는다.

전나무 *(Abies hollophylla)* 소나무과

♣ 개화기 : 4월

우리나라 전역, 특히 중북부 지방의 고산지대에서 자라는 상록성 침엽교목이다. 꽃은 황록색으로 피며 열매는 10월에 익는다. 전나무는 이 나무에서 젖과 같이 하얀 물질이 나오는 데서 '젓나무→전나무'로 되었다는 설이 있다. 실제로 《훈몽자회》나 《물명고》에도 젓나무로 기록되어 있다. 다른 이름에는 나무 껍질에 흰 빛이 돈다고 하여 백송(요즘 말하는 백송과 다르다)과 우산을 펴듯 퍼지는 가지의 모양이 바람을 타고 말이 질주하는 것과 같다는 데서 유래된 포마송이 있다. 별명으로 서수리가 있다.

ㅈ

정향나무 *(Syringa velutina)*

물푸레나무과

♣ 개화기 : 5월

전국의 표고 200~1,900m 산록에서 자라는 낙엽활엽관목이다. 꽃은 연한 자홍색으로 향기가 좋고 열매는 9월에 익는다. 정향나무는 중국 이름 정향(丁香)을 차용한 것이다. 정향은 꽃 모양이 정(丁)자이고 좋은 향기(香)가 난다는 데서 유래된 이름이다. 털개회나무라고도 한다.

조록나무 *(Distylium racemosum)*

조록나무과

♣ 개화기 : 4~5월

제주도 한라산에서 표고 700m 이하에 자생하는 상록활엽교목이다. 꽃은 붉은색이며 열매는 9~10월에 익는다. 조록나무는 잎에 조롱이 달린 것 같은 벌레혹이 많이 붙는다고 해서 유래된 것이다. 조록나무는 조롱나무에서 변한 것이다.

ㅈ

조릿대 *(Sasa borealis)* 　　　　　　　　　　　　　　　　　　　　　　　　　　　　　　　　벼과

♣ 개화기 : 5~7월

상록성 대나무류로 전국에 걸쳐 자라는 식물이다. 1~2m로 자라며 열매는 5~8월에 익는다. 죽세공 재료로 이용되며 잎은 약용, 열매는 식용으로 가능하다. 이름은 '조리+대'로, 조리는 죽재가 가늘고 탄력성이 있어서 조리를 만드는 데 사용한 데서 유래된 것이다. 즉 나무의 용도에서 유래된 이름으로, '조리를 만드는 대'라는 뜻에서 붙여진 것이다.

조팝나무 *(Spiraea prunifolia var. simpliciflora)* 장미과

♣ 개화기 : 4~5월

전국에 걸쳐 자생하는 낙엽활엽관목으로, 열매는 5~9월에 익는다. 잔잔한 흰 꽃이 좁쌀을 튀겨놓은 듯하여 조밥이라고 부르다가, 이것이 강하게 발음되어 조팝나무가 되었다는 설이 있다. 또 조밥을 연상시킨다 해서 조밥나무로 되었고, 이것이 조팝나무가 되었다는 설도 있다. 조팝나무 중에서 꽃이 보다 크고 좋은 것을 참조팝나무, 잎이 좁고 가는 것은 가는잎조팝이라고 한다.

족제비싸리 *(Amorpha fruticosa)* 콩과

♣ 개화기 : 5~6월

북아메리카 원산으로 1930년경에 도입된 낙엽활엽관목이다. 꽃은 자주색으로 피며 열매는 9월에 익는다. 사방공사용으로 많이 사용한다. 족제비싸리는 '족제비+싸리' 형태의 이름이다. 족제비는 이 나무의 열매가 모인 것이 족제비 꼬리 모양을 한 데서 유래된 것이며, 싸리는 이 나무가 싸리 종류는 아니지만 싸리와 비슷한 데서 유래된 것이다.

졸참나무 *(Quercus serrata)*

참나무과

♣ 개화기 : 5~6월

ㅈ

북부의 오지(奧地)를 제외한 전국의 표고 100~1,800m에서 자생하는 낙엽활엽교목으로 열매인 도토리는 9~10월에 익는다. 졸참나무는 '졸+참나무'로 구성된 것이다. 접두사로 쓰인 '졸~'은 일반적으로 사전에서 '보잘것없는 것'이라는 의미로 기술되어 있다. 일반어 중에서 돋보기 안경에 대응되는 졸보기 안경이라는 어휘가 있는데, 이는 작게 보이는 안경이라는 의미이다. 이러한 예들을 살펴보면 졸은 대체로 작거나 왜소한 것이라는 의미를 가지고 있다. 졸참나무 역시 참나무 종류 중에서 잎이 가장 작다는 점을 고려하면 잎이 작은 참나무라는 뜻에서 유래된 것으로 보인다. 한편 참나무 중에는 졸참나무, 갈졸참나무, 신갈졸참나무 등 몇 가지 종류가 있는데, 이 중 일부 이름은 작다는 것을 나타내기보다는 처음에 생성된 나무 이름을 기준으로 그와 유사한 명명을 할 때 졸이 쓰인 것으로 생각된다.

좀깨잎나무 *(Boehmeria spicata)*

쐐기풀과

♣ 개화기 : 7~8월

평안도와 함경북도를 제외한 전국에서 자생하는 초본성 낙엽활엽관목이다. 꽃은 담황록색이며 열매는 9월에 익는다. 잎 모양이 들깨 잎과 비슷하고 반관목(半灌木) 상태로 자라는 데서 유래된 이름이다. 북한에서는 새끼거북꼬리라고 한다.

종가시나무 *(Quercus glauca)* 참나무과

♣ 개화기 : 4~5월

어청도, 제주도, 흑산도, 홍도 등 남쪽 지방의 표고 600m 이하의 산기슭에서 자생하는 상록활엽교목으로, 열매인 도토리는 10월에 익는다. 종가시나무는 열매와 열매깍지가 종 모양이고 잎 가장자리의 톱니가 가시처럼 날카로운 데서 유래된 것이다. 석소리라는 이름도 있다.

ㅈ

종덩굴 *(Clematis fusca var. vilacea)* 미나리아재비과

♣ 개화기 : 6월

그늘지고 습한 숲속에서 자라는 낙엽활엽의 덩굴나무로, 꽃은 흑자색으로 피고 열매는 9~10월에 익는다. 종덩굴은 '종+덩굴' 형태의 이름으로 종은 이 나무의 꽃이 종 모양인 데서, 덩굴은 이 식물이 덩굴식물인 데서 유래된 것이다.

ㅈ

주목 *(Taxus cuspidata)* 주목과

♣ 개화기 : 4월

전국의 표고 700~2,500m의 고산에 자생하는 상록침엽교목으로, 열매는 9~10월에 익는데 붉은 가종피에 싸여 있다. 이 나무의 껍질과 심재(心材)의 색깔이 붉은색을 나타내는 데서 붉을 주(朱), 나무 목(木)자를 써서 붉은색의 나무라는 뜻에서 주목(朱木)이라는 이름이 붙었다. 주목은 심재뿐만 아니라 열매도 붉은 빛을 띤다. 강원도에서는 적목(赤木), 경기도에서는 경목(慶木), 제주도에서는 저목이라 하기도 하며, 중국 이름을 따서 적백(赤栢)이라고도 한다.

주엽나무 *(Gleditsia japonica var. koraiensis)*　콩과

ㅈ

♣ 개화기 : 6월

전국의 표고 100~900m에 자생하는 낙엽활엽교목으로 줄기에 가지가 변한 가시가 있고, 꽃은 황록색이며 열매는 10월에 익는다. 이 나무의 완전히 익은 열매의 내피 속에는 달콤한 맛이 나는 끈끈한 잼 같은 것이 있다. 이것은 식용으로 이용되며, 인절미를 송편처럼 빚고 팥소를 넣어 콩가루를 묻힌 떡(주엽떡, 쥐엄떡)과 비슷해 주엽이나 쥐엄이라고 불린다. 그래서 주엽 또는 쥐엄이 열리는 나무라는 뜻에서 주엽나무 혹은 쥐엄나무라는 이름이 붙은 것으로 추정된다. 또 조협수(皀莢樹)에서 변한 이름이라는 설이 있다. 즉 이 열매가 협과(莢果)로 뒤틀려 있어 독특하며, 열매의 껍질은 조협(皁莢)이라 하는 데서 유래되었다는 설이 있다.

죽절목 *(Chloranthus glaber)* 홀아비꽃대과

♣ 개화기 : 6~7월

제주도의 표고 700m 이하에서 자생하는 상록활엽관목으로, 열매는 11월부터 다음해 2월까지 붉게 익는다. 죽절목(竹節木)은 이 나무가 대나무(竹)처럼 줄기에 마디(節)가 있는 데서 유래된 이름이다. 북한에서는 죽절나무라고 한다.

줄댕강나무 *(Abelia taihyoni)* 인동과

♣ 개화기 : 5월

충북 단양군 매포면에서 자라는 낙엽활엽관목이다. 꽃은 연한 붉은색이고 열매는 9월에 익는다. 석회암 지대의 지표식생이다. 줄댕강나무는 '줄+댕강나무' 형태의 이름이다. 줄은 이 나무의 원줄기와 늙은 가지에 6줄의 홈이 있는 데서 유래된 것이며, 댕강나무는 이 나무가 댕강나무 종류인 데서 유래된 것이다.

ㅈ

줄딸기 *(Rubus oldhamii)* 장미과

♣ 개화기 : 6~7월

표고 600m 이하인 전국 산야의 산기슭과 계곡에서 자생하는 낙엽활엽관목이다. 꽃은 연분홍색으로 피고 열매는 7~8월에 붉게 익는다. 무수히 많은 줄기가 줄줄이 올라와 자라는 데서 유래된 이름이다. 덩굴딸기, 덤불딸기라는 이름도 있다.

중국굴피나무 *(Pterocarya stenoptera)*

가래나무과

♣ 개화기 : 4월

중국 원산으로 중부 이남에 심는 낙엽활엽교목이며, 열매는 9월에 익는다. 중국굴피나무는 '중국+굴피나무'로, 중국은 자생지를 나타낸 것이며 굴피나무는 굴피나무 종류라는 뜻에서 유래된 것이다. 그런데 중국굴피나무는 압록강 하류에도 자생하는 나무이다. 북한 이름은 풍양나무이다.

중대가리나무 *(Adina rubella)* 꼭두서니과

♣ 개화기 : 7~8월

제주도의 돈내코 지역에 자생하는 낙엽활엽관목으로, 꽃은 흰색이고 열매는 10월에 익는다. 열매가 둥글고 반질반질하여 스님의 머리에 비유한 데서 유래된 이름이라는 설과, 흰색으로 개화하는 두상화(頭狀花)의 모양이 스님의 머리를 연상케 한다는 데서 유래된 이름이라는 설이 있다. 구슬꽃나무라고도 하며, 북한 이름은 머리꽃나무이다.

쥐똥나무 *(Ligustrum obtusifolium)* 물푸레나무과

♣ 개화기 : 5~6월

전국의 계곡과 산록의 습기가 많은 곳에서 자생하는 낙엽활엽관목이다. 꽃은 흰색이고 열매는 10월에 흑색으로 익는데 모양이 까맣고 쥐똥 같다. 쥐똥나무라는 이름은 이 나무의 열매 모양이 쥐똥 같은 데서 유래된 것이다. 북한에서는 검정알나무라고 한다.

ㅈ

진달래 *(Korean rhododendron)*

진달래과

♣ 개화기 : 4~5월

전국의 산야에 자생하는 낙엽활엽관목으로, 꽃은 연분홍색이고 열매는 10월에 익는다. 꽃은 관상용뿐만 아니라 식용과 약용으로도 쓰인다. 진달래는 '진+달래' 형태로 이루어진 이름으로, 달래에 접두사 '진'이 붙은 것이다. 즉 달래꽃은 달래꽃인데 그보다 더 좋은 꽃이라 해서 '진'을 붙인 것이라는 주장이 있다. 또 꽃 빛깔이 달래꽃보다 진한 데서 유래되었다는 설도 있다. 즉 남도(南道) 산촌의 은어(隱語)에 앳된 처녀를 연달래, 숙성한 처녀를 진달래, 시드는 장년 여인을 난(蘭)달래라고 하는 것이 있는데, 이것은 젖꼭지 빛깔을 연달래, 진달래, 난달래의 꽃 빛깔로 비유한 것이다. 마찬가지로 진달래꽃 빛깔을 달래의 꽃 빛깔에 비유한 데서 유래되었다는 설이다.

찔레나무 *(Rosa multiflor)*

장미과

♣ 개화기 : 5월

전국 산야의 표고 50~1,950m 사이에서 자생하는 낙엽활엽관목이다. 꽃은 흰색이나 연분홍이고, 열매는 9~10월에 익는다. 찔레나무는 찔레와 나무의 합성어이다. 찔레는 '찌르다' 라는 동사의 어근에 접미사 '에' 가 붙어서 이루어진 것으로, 이 나무의 줄기에 갈퀴 같은 가시가 많이 있어서 찔리는 나무라는 뜻에서 유래된 것이다. 지방에 따라서는 찔룩나무라는 이름도 있다. 다른 이름에는 새비나무가 있는데, 새비는 새우의 방언으로 이 나무의 새싹을 새우에 비유한 데서 유래된 것이다.

ㅊ

ㅊ

차나무 *(Thea sinensis)*

차나무과

♣ 개화기 : 11~12월

약 1,000년 전에 중국에서 도입된 상록활엽관목으로, 꽃은 흰색이고 열매는 다음해 10월에 다갈색으로 익는다. 중국 이름 다(茶)에서 유래된 이름이다. 즉 차의 중국 이름 다(茶)의 고대 음은 디아(dia), 다(da)였으므로 처음에는 다로 불렸다. 그러던 것이 6~7세기 이후의 중세 시기부터 중국 말에서도 입천장소리화가 되어 디아, 다란 말이 차로 되었다. 우리나라에서도 이를 받아들여 차라고 부른 데서 유래된 이름이다.

참꽃나무 *(Rhododendron micranthum)* 진달래과

ㅊ

♣ 개화기 : 5~6월

제주도 한라산의 표고 1,100m 이하의 숲속에서 자라는 낙엽활엽관목이다. 꽃은 선명한 주홍색으로 잎과 동시에 피고 열매는 9월에 익는다. 진달래나 철쭉류에 비해 꽃이 크고 높게 자라서 남성적인 느낌이 드는 진달래꽃이란 뜻에서 유래된 이름이다. 봄에 꽃을 먹을 수 있기 때문에 참(眞)꽃나무라는 이름이 붙었다는 설도 있다. 한편 식물 이름에서 접두사 '참'은 '개', '돌' 등과 비교해서 먹을 수 있는 것, 쓸모가 있는 것 등에 붙는 접사라는 우등한 의미가 부여되는데, '참'을 식물 이름의 조어에 빈번하게 이용하여 '참'이 갖는 원래의 의미를 약화시킨 경우도 많다. 또 접두사 '참'은 변종 혹은 나중에 명명된 동종의 식물류에 비해 본래 종을 구분해주기 위해 쓰는 경우도 있다.

참빗살나무 *(Euonymus sieboldiana)* 노박덩굴과

♣ 개화기 : 5~6월

ㅊ

우리나라 전역의 표고 1,300m 이하의 산록 및 계곡에서 자라는 낙엽활엽소교목이다. 꽃은 연한 녹색이고 열매는 10월에 붉게 익는다. 참빗살나무는 이 나무가 참빗의 살을 만드는 데 사용된 데서 유래된 이름이라는 설이 있다. 그런데 참빗은 빗살이 아주 가늘고 촘촘한 대(竹)의 빗이다. 즉 살은 아주 촘촘해 참빗 한 개에 보통은 133~135개, 촘촘한 것은 150~160개나 되기 때문에 대를 재료로 한다. 또 참빗의 마구리(참빗의 양 가장자리에 넓적하게 댄 모박이 부분) 재료도 우골(牛骨)이나 대를 주로 쓰기 때문에 참빗살나무가 참빗의 살을 만드는 데서 유래되었다는 설보다는, 이 나무가 도장, 지팡이 등의 재료로 쓰였던 것으로 보아 이 나무의 쓰임새가 좋다는 데서 유래된 이름일 것이다. 일본 이름은 眞弓(진궁)인데, 옛날에 이 나무로 활을 만들었던 것에서 유래되었다.

천선과나무 *(Ficus erecta)* 뽕나무과

♣ 개화기 : 5~6월

남부 바닷가에서 자라는 낙엽활엽관목으로 암수딴그루이다. 열매는 9~10월에 자흑색으로 익는다. 천선과(天仙果)나무에는 암자색의 열매가 열리는데, 이 열매는 맛이 너무 좋아 천선(天仙)이 먹는 열매라는 뜻에서 유래된 이름이다.

ㅊ

철쭉나무 *(Rhododendron schlippenbachii)*

진달래과

♣ 개화기 : 4~5월

전국의 표고 100~2,000m 사이의 산야에서 자생하는 낙엽활엽관목으로, 꽃은 연분홍색이고 열매는 10월에 익는다. 중국 이름 척촉(躑躅)에서 유래된 것으로 양(羊)이 이 나무의 꽃을 먹으면 죽기 때문에 이것을 보기만 해도 겁을 내어 척촉(躑躅, 제자리걸음)하며 바스락거린다는 뜻에서 양척촉(羊躑躅)이라 하였던 것이, 우리말 철쭉꽃이 되었다고 한다. 철쭉꽃은 유독성이어서 먹을 수 없으므로 개(狗)꽃나무라는 이름도 있다. 북한에서는 철죽이라고 한다.

ㅊ

청가시덩굴 *(Smilax sieboldii)*

백합과

♣ 개화기 : 6월

전국 산야에서 자생하는 낙엽활엽성 덩굴나무로, 열매는 9~10월에 검은색으로 익는다. 줄기에 짙은 녹색(청색)의 가시가 나 있는 덩굴나무라는 데서 유래된 이름이다. 청가시나무라고도 한다.

ㅊ

청괴불나무 *(Lonicera subsessilis)* 인동과

♣ 개화기 : 4~5월

전국의 표고 300~2,300m 사이에서 자생하는 낙엽활엽관목이다. 꽃은 흰색 또는 연한 노란색이고, 열매는 8~9월에 붉게 익는다. 진초록색 잎의 색감이 곱고 아름다운데 잎의 양면에 털이 없어 푸른색으로 보이고, 괴불나무 종류라는 뜻에서 유래된 이름이다.

▶측백나무

측백나무 *(Thuja orientalis)*

측백나무과

♣ 개화기 : 4월

충북 단양과 경북 대구의 석회암 지대의 표고 200~600m에서 자생하는 상록침엽교목으로, 열매는 흑갈색이며 9~10월에 익는다. 측백은 중국 이름 側柏(측백)을 차용한 것이다. 《본초강목》에서는 잎이 옆으로 납작하게 자라는 데서 측백이라는 이름이 유래된 것이라고 되어 있다. 《육조잡서》라는 옛 문헌을 보면 모든 나무들은 햇빛을 따라 동쪽을 향하는데 유독 측백나무만 서쪽을 향하는 음지의 나무이기 때문에, 서쪽을 뜻하는 색깔 백(白)을 나무 목(木)에 붙여 백(柏)자가 되었다고 기록되어 있다. 그런데 측백뿐만 아니라 편백, 동백 등 다른 식물에도 '백' 자가 사용된 점으로 보아, 측백에서 側(측)은 잎이 옆을 향해 나오는 데서(실제로는 옆으로 자란다기보다는 납작하게 붙어 있다), 柏(백)은 눈(雪)과 서리(霜)가 하얗게 내려도 겁냄이 없이 장수(長壽)하는 나무라는 뜻에서 유래된 것으로 추정된다.

층층나무 *(Cornus controversa)*

층층나무과

♣ 개화기 : 5월

전국의 표고 1,400m 이하 북쪽의 산록 및 계곡에서 자라는 낙엽활엽교목이다. 꽃은 흰색이고 열매는 9~10월에 검은색으로 익는다. 층층나무는 나무 줄기를 따라 줄기가 층층이 뻗어나온 모양으로 형성되어 있는데, 여기에 잎이 덮여 있는 모양이 각 줄기의 층을 더욱 선명하게 보여주는 데서 유래된 이름이다. 우리나라에서는 봄에 고로쇠나무, 거제수와 함께 수액을 채취하는 대표적인 나무이다. 일본 이름은 물나무(水木)이다. 수액(水液)이 많은 나무로 봄에 가지 끝을 꺾으면 물방울이 뚝뚝 떨어진다는 데서 유래된 이름이다. 별명으로 물깨금나무, 꺼그렁나무가 있다.

ㅊ

치자나무 *(Gardenia jasminoides)* 꼭두서니과

♣ 개화기 : 6~7월

1,500년 전쯤 중국에서 도입된 상록활엽관목으로, 꽃은 흰색이고 향기가 좋다. 열매는 9월에 노란색을 띤 홍색으로 익는다. 열매를 약용 또는 천연염료로 쓴다. 치자나무는 중국 이름 치자(梔子)를 차용한 것이다. 중국에서는 치자나무 열매와 비슷한 그릇을 치(卮)라고 하는데, 치자나무에 이 그릇과 비슷한 열매가 달린다고 해서 목(木)을 붙여 치(梔)가 되고, 열매가 달린다 해서 자(子)자를 붙여 치자목(梔子木)이 되었다는 설이 있다. 일본에서는 입이 없다는 뜻의 구무(口無)라는 이름이 있다. 이것은 열매가 익어도 입을 벌리지 않는다고 해서 붙여진 이름이다.

칠엽수 *(Aesculus turbinata)*

칠엽수과

♣ 개화기 : 5~6월

일본 원산의 낙엽활엽교목이다. 꽃은 붉은색을 띠며 열매는 9~10월에 익는다. 칠엽수(七葉樹)는 잎새 일곱 장이 둥글게 모여 달려 칠엽수라는 이름이 붙었다. 그런데 칠엽수의 잎을 자세히 관찰해보면 반드시 일곱 장이 되는 것은 아니고 어떤 것은 오엽, 육엽 혹은 팔엽이 되기도 한다. 다른 이름에는 칠엽나무(북한), 마로니에 등이 있다.

칡 *(Pueraria lobata)* 콩과

♣ 개화기 : 8월

전국 산야의 표고 100~1,200m의 양지에서 자생하는 낙엽활엽의 덩굴성 나무이다. 꽃은 자홍색으로 피고 열매는 9~10월에 익는다. 뿌리를 갈근이라 하여 약용, 식용으로 쓴다. 칡은 츩에서 변한 것인데, 칡에 대한 중국 이름 葛(갈)을 츩으로 잘못 읽고 쓴 데서 유래된 것으로 추정되고 있다. 한편 칡나무를 뜻하는 한자 갈(葛)은 풀을 뜻하는 초(艸)자와 건조를 뜻하는 갈(渴)자가 합쳐져서 만들어진 것으로, 물이 적은 건조한 풀이라는 뜻이다. 이는 칡뿌리가 깊게 뻗어 건조에도 강한 데서 유래된 것이다. 다른 이름으로 칡덤불이 있다.

ㅋ

키버들 *(Salix koriyanagi)*

버드나무과

♣ 개화기 : 3~4월

전국 산야의 습지에서 군생하고 있는 낙엽활엽관목이다. 암수딴그루이며 암그루에 달리는 종자는 6월에 익는다. 키버들은 '키+버들' 형태의 이름이다. 키는 곡식 따위를 까불러 고르는 그릇인데, 이 나무의 껍질을 벗겨낸 다음 키를 만드는 재료로 이용한 데서 유래된 것이다. 이 나무로 고리괴짝을 만드는 데서 유래된 고리버들이라는 이름도 있다.

E

ㅌ

태산목 *(Magnolia grandiflora)*

목련과

♣ 개화기 : 5~6월

북아메리카 남부 원산으로 1920년경에 도입된 상록활엽교목이다. 꽃은 흰색이고 열매는 9~10월에 익는다. 일본 이름 태산목(泰山木)을 차용한 것이다. 일본에서는 1873년에 도입되었는데, 도입 당시는 대산목(大山木)이라 불리다가 후에 태산목(泰山木)으로 되었다. 태산목은 잎도 크고 꽃도 커서 전체적인 모양이 태산(泰山)과 같다는 데서 유래된 이름이다. 중국 이름은 하화옥란(荷花玉蘭)이다. 하(荷)는 연을 나타내며, 옥란(玉蘭)은 백목련이라는 뜻으로, 이 나무의 꽃이 연꽃과 비슷하다는 데서 붙여진 것이다. 또 양옥란(洋玉蘭)이라는 북한 이름도 있는데, 이는 서양에서 도입된 백목련이라는 뜻이다.

튤립나무 *(Liriodendron tulipifera))* 목련과

♣ 개화기 : 5~6월

북아메리카 원산으로 1925년경에 도입된 낙엽활엽교목이다. 꽃은 녹황색이고 열매는 10~11월에 익는다. 튤립나무는 꽃이 위를 보고 한 송이씩 피는 데서, 이 꽃 모양이 튤립 모양인 데서 튤립나무라는 이름이 붙었다.

ㅌ

II

▲팥꽃나무

ㅍ

팔손이 *(Fatsia japonica)* 두릅나무과

♣ 개화기 : 11월

경남의 남해도와 거제도에 자생하는 상록활엽관목이다. 꽃은 흰색이고 열매는 검은색으로 다음해 5월에 익는다. 팔손이는 일본 이름 팔수(八手)를 번역하여 차용한 것이다. 팔수(八手)는 잎이 갈라지는 모양이 손가락 8개 달린 손바닥 같다는 데서 유래된 것이지만, 팔(八)자는 다수를 의미한 것이다. 중국 이름은 팔각금반(八角金盤)이다.

팥꽃나무 *(Daphne genkwa)* 팥꽃나무과

♣ 개화기 : 3~5월

평남에서 전남에 이르는 해안에 자생하는 낙엽활엽관목으로, 열매는 흰색이고 7월에 익는다. 팥꽃나무는 잎이 나기 전에 아름다운 담홍색 꽃이 피는데, 이 꽃 형태가 팥꽃처럼 생긴 데서 유래된 것이다. 별명으로 이팥나무와, 개화기에 조기가 잘 잡혀서 부르는 이름으로 조기꽃나무가 있다.

팥배나무 *(Sorus alnifolia)* 장미과

♣ 개화기 : 5~6월

전국의 산지에서 자라는 낙엽성 활엽교목이다. 꽃은 흰색이고 열매는 9~10월에 붉게 익는다. 팥배나무는 꽃이 배꽃처럼 하얗게 피지만 열매는 배처럼 크지 않고 팥처럼 작은 데서 유래된 이름이다. 강원도에서는 벌배나무, 산매자나무라 불리기도 하고, 전남에서는 물앵도나무, 황해도에서는 물방치나무로 불리기도 한다. 한자 이름 당리(棠梨), 두리(豆梨, 杜梨) 역시 배나무와 관련이 있는 이름이다.

ㅍ

편백 *(Chamaecyparis obtusa)*

측백나무과

♣ 개화기 : 4월

일본 원산의 상록침엽교목으로, 열매는 10월에 익는다. 중국 이름 편백(扁柏)을 차용한 것으로, 비늘 모양의 잎이 가지에 밀착되어 있는 데서 유래된 이름이다. 일본 이름은 불나무(火の木)인데, 옛날에 이 나무를 이용해 불을 지핀 데서 유래된 이름이다.

포도 *(Vitis vinifera)* 포도과

♣ 개화기 : 6~7월

아시아 서부 원산으로 재배하는 낙엽활엽의 덩굴나무이다. 꽃은 황록색으로 피고 열매는 9월에 익는다. 포도는 중국 이름 포도(葡萄)를 차용한 것이다. 포도는 중국의 한(漢)나라 무제(武帝) 때 장건(張騫)이 서역에서 가져와 재배한 것이다. 처음에는 고대 이란어의 Budaw(페르시아어 Budawa)를 음역하여 포도(浦桃), 포도(葡桃), 국도(菊桃)라고 불렀다가 나중에 포도(葡萄)가 되었다. 우리나라에서는 이 이름을 그대로 쓰고 있다.

ㅍ

풀싸리 *(Lespedeza thunbergii var. intermedia)* 콩과

♣ 개화기 : 8~9월

전국에 자생하는 낙엽활엽관목으로, 꽃은 홍자색이고 열매는 10월에 익는다. 나무 모양이 풀처럼 생겼다 하여 풀싸리라고 하고, 가지에 능선과 더불어 복모(伏毛)가 있다.

풍게나무 *(Celtis jessoensis)* 느릅나무과

♣ 개화기 : 5월

전국의 표고 100~1,100m에서 자생하는 낙엽활엽교목이다. 열매는 9~10월에 둥근 모양으로 검게 익는다. 꽃은 자중잡성화로 5월에 피는데, 이 꽃 모양이 풍게(장대의 한쪽에 끈을 달고 그 끈 끄트머리에 돌을 매달아 홱홱 돌리다가 던지는 일종의 투석기구이다)를 닮았다고 해서 유래된 이름이다. 별명으로 단감나무가 있다.

풍년화 *(Hamamelis japonica)* 조록나무과

♣ 개화기 : 3~4월

일본 원산으로 1930년경에 도입된 낙엽활엽소교목이다. 꽃은 노란색이고 잎보다 먼저 피고, 종자는 검은색으로 10월에 익는다. 풍년화(豊年花)는 가지에 꽃이 많이 피거나 일찍 꽃이 피면 풍년이 든다는 속설에서 유래된 이름이다. 일본 이름은 만작(滿作, マンサク)인데, 이 나무의 가지마다 황색 꽃이 붙은 상태를 풍작(豊作)에 비유한 데서 유래된 이름이다.

피나무 *(Tilia amurensis)* 피나무과

♣ 개화기 : 6월

전국 산야의 표고 100~1,400m에서 자생하는 낙엽활엽교목이다. 꽃은 연한 노란색이고 열매는 9~10월에 익는다. 피나무는 나무 껍질의 섬유질이 강인하고 삼베보다 더 질기며 물에도 잘 견디므로, 내피의 섬유로 천을 짜서 술이나 간장을 거르는 자루를 만들었으며, 포대를 만들고 지게의 등받이로도 사용했다. 또 삿자리, 밧줄, 끈, 망태, 어망이나 그물을 짜기도 했다. 이처럼 나무 껍질이 소중하다는 뜻에서 피나무(皮木)라는 이름이 유래되었다. 중국 이름은 단목(椴木)이다. 영어 이름은 Basswood인데, 이는 나무의 속껍질을 뜻한다. 서양에서도 피나무 속껍질로 바구니나 깔개 등 여러 생활도구를 만들어 쓴 데서 유래된 것이다. 별명으로 달피나무가 있다. 한편 초본식물 중에 피나물이라는 것이 있는데, 이것은 피같이 붉은 유액이 나오는 데서 유래된 것이다.

ㅎ

함박꽃나무 *(Magnolia sieboldii)* 목련과

♣ 개화기 : 5~6월

함경북도를 제외한 전국의 계곡에서 자생하는 낙엽활엽소교목으로, 꽃은 흰색이고 열매는 9~10월에 익는다. 함박꽃나무는 꽃의 모양이 함박꽃과 비슷한 데서 유래되었다는 설이 있으며, 함박꽃은 꽃이 활짝 웃는 것 같은 데서 유래되었다는 설이 있다. 함박은 함지박의 준말로 대박(大朴)이라는 뜻인데 큰 대(大)자의 우리말은 '한'이다. 대전(大田)의 우리말이 큰 밭이라는 뜻의 '한밭'인 것과 같다. 그러므로 함박꽃나무는 '하(大)+ㄴ(어미)+박+곳=대박화(大朴花)'이다. 실제로 함박꽃은 꽃송이가 무척 큰 편이다. 북한 이름은 목란(木蘭)으로 현재 북한의 국화이다. 북한에서 목란으로 불리게 된 것은 김일성에 의해서이다. 김일성은 1964년 5월 황해도 정방산의 한 별장에서 이 꽃을 보고는 창덕학교에 다닐 때 이곳으로 수학여행을 와서 본 일이 있다면서 항일투쟁을 하는 중에도 이 꽃을 머릿속에 그리며 고국을 그리워했다고 말했다. 그러고는 세계적으로 유명한 꽃을 난이라고 하는데 나무에 피는 난이라는 뜻에서 함박꽃나무라고 하지 말고 목란이라고 부르는 것이 좋겠다고 지시한 데서 연유한 이름이다. 다른 이름으로 산목련, 산목란이 있다.

ㅎ

향나무 *(Juniperus chinensis)*

측백나무과

♣ 개화기 : 4월

평안북도와 함경북도를 제외한 전국의 표고 800m 이하에서 자생하는 상록침엽교목이다. 열매는 흑자색으로 다음해 10월에 익는다. 향나무는 이 나무에서 향기가 나고, 심재(心材) 조각을 제사용 향료 재료로 이용한 데서 유래된 이름이다. 향기가 좋은 나무는 대부분 꽃이나 열매의 향이 좋은 데 비해 향나무는 나무 자체의 향이 좋은 특성이 있다. 별명으로는 노송나무가 있다.

호두나무 *(Juglans sinensis)* 가래나무과

♣ 개화기 : 4~5월

중국 원산의 낙엽활엽교목으로, 열매는 9~10월에 익는다. 호두나무는 중국 이름 호도(胡桃)에서 유래된 것이다. 호도는 오랑캐(胡) 나라에서 들어온 복숭아(桃)처럼 생긴 열매라는 뜻이다. 호(胡)는 중국 전한(前漢) 시대 때 장건(張騫)이라는 사람이 서역(西域, 페르시아 지방)에서 호두를 처음 가져온 데서 유래된 것이며, 도(桃)는 이 나무의 각과(殼果)가 복숭아씨와 닮은 데서 유래된 것이다. 우리나라에서는 호도(胡桃)로 불리다가 부르기 쉽게 변하여 호두가 되었다.

호랑가시나무 *(Ilex cornuta)*

감탕나무과

♣ 개화기 : 4~5월

ㅎ

변산반도와 완도, 제주도에 자생하는 상록활엽소교목이다. 꽃은 흰색이며 열매는 9~10월에 둥근 모양으로 붉게 익는다. 잎 끝에 호랑이 발톱 같은 날카롭고 단단한 가시가 나 있는 데서 유래된 이름이라는 설과, 잎의 가장자리가 단단한 침으로 변하여 호랑이가 등이 가려울 때 등 긁기로 쓴다는 데서 유래되었다는 설이 있는데, 중국 이름과도 관련이 있는 것으로 추정된다. 중국 이름은 노호자, 묘아자 또는 구골이다. 노호자는 늙은 호랑이의 가시라는 뜻이며, 묘아자는 이 나무의 잎 가장자리에 있는 다섯 개의 가시가 고양이 발톱처럼 보인 데서 유래된 것이다. 구골은 개 구(狗), 뼈 골(骨)자를 써서 개뼈라는 뜻인데, 이는 이 나무가 단단하고 나무 껍질에 흰 빛이 돌아 개뼈처럼 보인 데서 유래된 것이다. 다른 이름으로 묘아자나무가 있다.

호랑버들 *(Salix hulteni)*

버드나무과

♣ 개화기 : 4월

전국의 표고 100~2,300m 사이에서 자라는 낙엽활엽소교목으로, 종자는 5월에 익는다. 겨울을 지나면서 붉은색으로 빛나는 꽃눈이 부풀기 시작하는데, 이것을 호랑이 눈에 비유한 데서 유래된 이름이다.

호자나무 *(Damnacanthus indicus)*

꼭두서니과

♣ 개화기 : 5~7월

제주도에서는 표고 700m까지 자라는 상록활엽관목이다. 꽃은 흰색이고 열매는 9월부터 다음해 2월까지 둥근 모양으로 붉게 익는다. 중국 이름 호자(虎刺)를 차용한 것으로, 호자(虎刺)나무는 가시가 굵고 튼튼하여 호랑이 발톱 같다는 데서 유래된 것이다.

홍가시나무 *(Photinia glabra)* 장미과

♣ 개화기 : 5~6월

일본산의 상록관목 또는 소교목이다. 꽃은 흰색이고 열매는 9~10월에 붉게 익는다. 홍가시나무는 '홍+가시나무' 형태로 구성된 이름으로, 홍은 잎이 새로 나올 때와 단풍이 들 때 붉은 빛이 드는 데서 유래된 것이며, 가시나무는 가시나무와 유사한 데서 유래된 것이다.

화살나무 *(Euonymus alatus)* 노박덩굴과

♣ 개화기 : 5~6월

전국의 1,700m 이하에서 자생하는 낙엽활엽관목이다. 꽃은 황록색이고 열매는 붉은색으로 10월에 익는다. 화살나무는 줄기에 두 줄에서 네 줄까지 달린 코르크질의 날개가 있는데, 이 날개는 진회색 수피와 같은 색으로 마치 화살에 붙이는 날개의 모양과 같아 활(弓)의 살(失) 같다 하여 처음에는 활살나무라 하였으나, 나중에 화살나무로 바뀐 것이다. 지방에 따라서는 날개의 모양이 예전에 머리를 빗던 참빗과 같다고 하여 참빗나무라고도 부른다. 또 단풍이 비단처럼 고와 금목(錦木)이라는 이름도 있다. 중국 이름은 귀전우(鬼箭羽)인데, 이는 '귀신이 쓰는 화살' 이라는 뜻으로 코르크 날개에서 유래된 것이다. 종명 alatus는 날개가 있다는 뜻으로 줄기의 날개에서 유래된 것이며, 화살나무와 유래원이 같다. 다른 이름으로 홑잎나무가 있다.

황매화 *(Kerria japonica)* 장미과

♣ 개화기 : 4~5월

일본 원산의 낙엽활엽관목으로, 꽃은 노란색이고 열매는 9월에 검은 갈색으로 익는다. 황매화(黃梅花)는 꽃이 매화와 비슷하고 황색으로 피는 데서 유래된 이름이다. 이 꽃을 흔히 황매화니 죽도화니 하지만 식물도감에는 겹꽃이 피는 것을 죽도화, 홑꽃이 피는 것을 황매화라고 밝히고 있다.

황벽나무 *(Phellodendron amurense)* 운향과

♣ 개화기 : 5~6월

전국의 표고 1,300m 이하에서 자생하는 낙엽활엽교목이다. 꽃은 노란색이고 열매는 7~10월에 둥근 모양으로 검게 익는다. 황벽(黃蘗)나무는 이 나무 줄기의 속껍질 색깔이 황색인 데서 유래된 이름이다. 황백(黃柏)나무, 황경나무, 황경피나무라고도 불린다.

황칠나무 *(Dendropanax morbifera)* 누릅나무과

♣ 개화기 : 6월

남부지방의 해변과 도서지방의 숲속에서 자생하는 상록활엽교목으로, 열매는 10월에 검은색으로 익는다. 껍질에 상처를 내면 황색의 유액이 나오는데, 이 유액을 칠의 재료로 이용한 데서 황칠이라 하며, 칠감 재료로 이용되어왔다. 황칠(黃漆)나무는 황금 빛을 내는 칠에 쓰이는 황칠을 채취하는 나무라는 뜻에서 유래된 이름이다. 북한 이름은 즙에서 황색 옻칠을 얻는 나무라 해서 노란옻나무라 한다.

회양목 *(Buxus microphylla var. koreana)* 회양목과

♣ 개화기 : 4~5월

ㅎ

전국의 200~750m에 주로 자생하는 상록활엽관목이다. 꽃은 노란색이고 열매는 갈색으로 7~8월에 익는다. 회양 지방에서 많이 나는 데서 유래되었다는 설이 있지만, 원래의 이름은 황양목(黃陽木)이다. 황양목에서 황(黃)은 잎 색깔이 황색을 띠는 데서 유래된 것이며, 양(陽)은 버드나무와 유사한 나무로 가지가 위로 솟고 잎이 다소 둥글다는 뜻에서 유래된 것이다. 황양목은 화양목으로 변한 다음, 이것이 다시 회양목으로 변한 것이다. 이는 황양목이 석회암 지역에 잘 자라며 나무 껍질이 회색인 데서 '회' 자를 차용하여 회양목으로 부른 데서 유래된 것이다. 회양목은 재질이 단단하고 치밀해서 옛날에는 호패(號牌) 재료로 많이 이용되었으며, 도장 재료로도 유명하다. 그래서 도장나무라는 이름도 있다. 북한 이름은 고양나무이다.

회화나무 *(Sophora japonica)* 콩과

♣ 개화기 : 8월

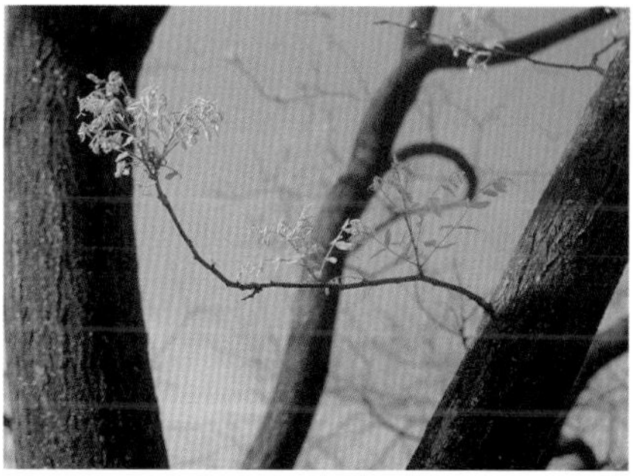

중국 원산으로 표고 600m 이하에서 자라는 낙엽활엽교목이다. 꽃은 연한 노란색인데, 꽃봉오리는 천연염료 및 약재로 많이 이용되고 열매는 10월에 익는다. 회화나무의 중국 이름은 괴화(槐花)인데 '괴'의 중국 발음이 '홰/회'이므로 회화나무로 변한 것으로 추정된다.

괴화(槐花)는 이 식물이 귀신을 쫓는다고 믿은 데서 붙여졌으며, 우리나라에서도 괴화라는 이름 때문에 궁궐에 많이 심어진 나무이다. 중국에서도 조정의 뜰에 세워진 세 그루의 회화나무를 세 명의 정승이 마주보고 자리를 잡는 것과 같다는 기록이 있다. 황색을 숭상했던 중국에서는 누런색으로 꽃이 핀 회화나무를 당연히 높게 평가했고, 귀신을 쫓는다고 믿었을 것으로 추정된다.

그런데 회화나무 꽃봉오리에는 루틴(rutin)이라는 물질이 있어서 지혈작용, 모세혈관 투과성 감소, 혈압 강하, 콜레스테롤 강하, 항경련, 항궤양, 항방사능 작용, 동상치료, 완만한 사하작용 등에 효과적인 약재이므로 기능적으로도 괴화(槐花)라는 이름이 어색하지 않음을 알 수 있다. 다른 이름에는 학자, 학자수가 있다. 그래서 예부터 유생들이 공부하는 서원에 많이 심었으며, 집안에 회화나무를 심으면 훌륭한 학자가 나온다는 속설이 있다.

후박나무 *(Machilus thunbergii)* 녹나무과

♣ 개화기 : 5~6월

남부지방의 표고 800m 이하에서 자라는 활엽교목이다. 꽃은 황록색이고 열매는 다음해 7월에 둥근 모양의 흑자색으로 익는다. 후박이라는 이름은 두터울 후(厚)와 클 박(朴)자로 이루어진 것으로, 이 나무의 껍질이 두껍고 큰 데서 유래된 것이라는 설이 있다. 한방에서는 이 나무의 껍질(樹皮)을 후박(厚朴)이라 하며 복통, 식욕부진, 구토, 설사 등에 이용하는데 나무 껍질(木皮)이 두꺼울수록(厚) 약효가 좋다(朴)는 데서 유래된 이름이라는 설이 있다.

- 다른 이름으로 찾기
- 학명으로 찾기

다른 이름으로 찾기

ㄱ

간지럼나무 / 141
간질나무 / 141
개꽃나무 / 276
개나리꽃나무 / 29
거상(拒霜) / 160
검은대 / 222
검정알나무 / 267
경목(慶木) / 259
고리버들 / 289
고부시 / 120
고부시목련 / 120
고수버들 / 227
고양나무 / 321
공손수(公孫樹) / 232
괴화(槐花) / 323
구슬꽃나무 / 136, 266
구슬피나무 / 215
구주목 / 116
굴나무 / 164
근화(槿花) / 123
금등화 / 77
금목(錦木) / 317
금솔 / 55
금수목 / 68
금은등 / 235
금은화(金銀花) / 235
기생목(寄生木) / 40
꺼그렁나무 / 281
꼴감 / 45
끈제기나무 / 27

ㄴ

나도합다리나무 / 62
낙엽송 / 237
낙엽송(落葉松) / 237

넓은잎정향나무 / 197
노가자나무 / 69
노가지나무 / 69
노나무 / 34
노란꽃나무 / 320
노사등 / 235
노송나무 / 309
노웅수 / 235
논싸리 / 101
눈의피꽃 / 124

ㄷ

단감나무 / 303
단목(段木) / 305
달피나무 / 305
담장넝쿨 / 86
담장이덩굴 / 86
당리(棠梨) / 299
덤불딸기 / 264
덩굴딸기 / 264
도장나무 / 321
도토리나무 / 187
돌담장이 / 86
동청(凍青) / 40
두리(豆梨, 杜梨) / 299
두송(杜松) / 69
등리(藤梨) / 81
때쭉나무 / 102
떡가지나무 / 27
똥나무 / 90
뚜깔나무 / 109
띠거리나무 / 204

ㄹ

라일락 / 197

ㅁ

마로니에 / 284
마삭덩굴 / 107
만형자나무 / 200
말다래나무 / 30
매지나무 / 213
머귀나무 / 218
머리꽃나무 / 266
메역순나무 / 131

목과(木瓜) / 118
목근(木槿) / 123
목란(木蘭) / 244
목란(木蘭) / 308
목백일홍 / 141
목부용(木芙蓉) / 160
묘아자나무 / 312
물감나무 / 219
물깨금나무 / 281
물방치나무 / 299
물앵도나무 / 299
미류나무 / 128

ㅂ

방울나무 / 149
백서(白書) / 245
백서향나무 / 145
백송 / 249
백일홍(百日紅) / 140
버들나무 / 147
번리초(藩籬草) / 124
벌배나무 / 299
보리똥나무 / 156
보리밥나무 / 156
보리장나무 / 156
볼네나무 / 156
볼래나무 / 156
부스럼꽃 / 124
북한산개나리 / 177
분지나무 / 180
불나무 / 164
비단나무 / 68
비쭈기나무 / 169
비쭉이나무 / 169
뽕피나무 / 171
뿔나무 / 164

ㅅ

산동백 / 188
산매자나무 / 299
산목란 / 308
산목련 / 308
산배나무 / 91
산벗나무 / 32
삼아나무 / 184
삼춘류(三春柳) / 229

상초 / 180
새끼거북꼬리 / 256
새비나무 / 269
색목(色木) / 203
생동나무 / 185
샤론의 장미 / 124
서향 / 190
석남화(石南花) / 109
석소리 / 257
석조 / 179
설송 / 36
솔 / 193
솔나무 / 193
수유나무 / 201
수정목(水精木) / 127
수청목(水青木) / 127
순영(舜英) / 123
시닥나무 / 203
시베리아인삼 / 23
신이(辛夷) / 244

ㅇ

암솔 / 193
야합수 / 242
양도(羊桃) / 81
양류(楊柳) / 147
양반나무 / 77, 87, 141
양옥란(洋玉蘭) / 292
어류(御柳) / 229
엄나무 / 233
여설수(女舌樹) / 242
여송(女松) / 193
연향수(連香樹) / 42
염부목(鹽膚木) / 164
영(蘡) / 81
영조(蘡棗) / 81
오가피(五加皮) / 217
오디나무 / 170
오얏나무 / 243
옥란(玉蘭) / 144
옥수(玉樹) / 144
올아귀꽃나무 / 223
육송(陸松) / 193
육조 / 179
윷놀이나무 / 230
은목서 / 121
이깔나무 / 239

이팥나무 / 297
일급(日及) / 123
일화(日華) / 124
입각수(鴨脚樹) / 232
입하나무 / 234

ㅈ

자등(紫藤) / 98
장춘(長春) / 248
저금타는낭 / 141
저목 / 259
저목(楮木) / 83
저수리 / 249
적목(赤木) / 259
적백(赤栢) / 259
적송(赤松) / 193
젓나무 / 249
젓밤나무 / 101
정자나무 / 74
조개모락화(朝開暮落花) / 124
조기꽃나무 / 297
조롱나무 / 251
조선닥나무 / 95
조선소나무 / 193
좌전등 / 235
죽도화 / 318
죽절나무 / 261
쥐엄나무 / 260
찔광나무 / 178
찔룩나무 / 269

ㅊ

참나무 / 187
참등 / 98
참빗나무 / 317
창성이깔나무 / 237
천리향 / 190
철죽 / 276
청가시나무 / 277
청동목(青桐木) / 151
청오(青梧) / 151
청오동 / 151
촉산조 / 179
총각귀신나무 / 204
추리나무 / 243
춘선(春先) / 115

칠리향(七里香) / 109
칠엽나무 / 284
칡덤불 / 285

ㅋ

코뚜레나무 / 69
큰접시꽃나무 / 162

ㅌ

털개회나무 / 250
털옻나무 / 35
통령초 / 235

ㅍ

포마송 / 249
푸른나무 / 176
풍양나무 / 265
플라타너스 / 149

ㅎ

학자 / 323
학질꽂 / 124
합혼수 / 242
합환목 / 242
향수(香樹) / 109
향오동 / 34
호도나무 / 311
홑잎나무 / 317
화왕(花王) / 119
황경나무 / 319
황경피나무 / 319
황목련 / 236
황배목 / 188
황백나무 / 319
황서향나무 / 184
황양목(黃陽木) / 321
훈화(薰華) / 123
흑죽 / 222
흰서향나무 / 145
흰소나무 / 146
히말라야시다 / 36

학명으로 찾기

A

Abelia mosanensis / 89
Abelia taihyoni / 263
Abeliophyllym distichum / 129
Abies hollophylla / 249
Abies koreana / 50
Acamthopanax senticosus / 23
Acanthopanax sessiliflorus / 217
Acer ginnala / 203
Acer mono / 44
Acer palmatum / 85
Actinidia arguta / 81
Actinidia polygama / 30
Adina rubella / 266
Aesculus turbinata / 284
Akebia quinata / 231
Alangium platanifolium var. trilobum / 135
Albizzia julibrissin / 242
Aleurites cordata / 229
Alnus firma / 174
Alnus japonica / 219
Amorpha fruticosa / 254
Ampelopsis brevipedunculata / 31
Aralia elata / 94
Ardisia crenata / 142
Ardisia pusilla / 182
Aristolochia manshuriensis / 100

B

Berberis amurensis / 113
Betula costata / 38
Betula platyphylla var. japonica / 245
Betula schmidtii / 134
Boehmeria spicata / 256
Broussonetia kazinoki / 83

Buxus microphylla var. koreana / 321

C

Caesalpinia japonica / 204
Callicarpa japonica / 246
Camellia japonica / 92
Camellia sasanqua / 208
Campsis grandiflora / 77
Caragana sinica / 47
Castanea crenata / 137
Castanopsis cuspidata var. sieboldii / 51
Catalpa bignonioides / 58
Catalpa ovata / 34
Cedrus deodara / 36
Celastrus orbiculatus / 71
Celtis aurantiaca / 181
Celtis jessoensis / 303
Cercidiphyllum japonicum / 42
Cercis chinensis / 136
Chaenomeles sinensis / 118
Chamaecyparis obtusa / 300
Chionanthus retusus / 234
Chloranthus glaber / 261
Clematis fusca var. vilacea / 258
Clerodendron trichotomum / 73
Cleyera japonica / 169
Cornus controversa / 281
Cornus officinalis / 179
Cornus walteri / 111
Corylus heterophylla var. thunbergii. / 33
Cotoneaster wilsonii / 192
Crataegus pinnatiflda / 178
Cymplocos prunifolia / 39

D

Damnacanthus indicus / 314
Daphne genkwa / 297
Daphne kamtschatica / 95
Daphne kiusiana / 145
Daphne odora / 190
Dendropanax morbifera / 320
Deutzia parviflora / 110
Diospyros kaki / 25
Diospyros lotus / 45

Distylium racemosum / 251

E

Edzeworthia papyrifera / 184
Elaeagnus umbellata / 156
Eriobotrya japonica / 167
Euchresta japonica / 108
Eucommia ulmoides / 97
Euonymus alatus / 317
Euonymus japonicus / 176
Euonymus macropterus / 63
Euonymus sieboldiana / 274
Evodia danielii / 201

F

Fagus japonicus / 67
Fatsia japonica / 297
Ficus carica / 125
Ficus erecta / 275
Firmiana simplex / 151
Forsythia koreans / 28
Forsythia saxatilis / 177
Fraxinus rhynchophylla / 127

G

Gardenia jasminoides / 283
Ginkgo biloba / 232
Gleditsia japonica var. koraiensis / 260
Grewia biloba / 247

H

Hamamelis japonica / 304
Hibiscus mutabilis / 160
Hibiscus syriacus / 123
Hydrangea macrophylla / 195
Hydrangea petiolaris / 99

I

Ilex cornuta / 312
Ilex crenata / 59
Ilex integra / 27
Ilex macropoda / 88
Ilex serrata / 64

Illicium religiosum / 165
Indigofera kirilowii / 101

J

Jasminum nudiflorum / 216
Juglans mandshurica / 19
Juglans sinensis / 311
Juniperus chinensis / 309
Juniperus rigida / 69
Juniperus virginiana / 214

K

Kalopanax pictus / 233
Kerria japonica/ 318
Korean rhododendron / 268

L

Lagerstroemia indica / 140
Larix leptolepis / 237
Larix olgensis var. koreana / 239
Laurus nobilis / 228
Lespedeza thunbergii var. intermedia / 302
Ligustrum obtusifolium / 267
Lindera obtusiloba / 188
Liriodendron tulipifera / 293
Lonicera japonica / 235
Lonicera praeflorens / 223
Lonicera subsessilis / 278
Lycium chinense / 49

M

Machilus thunbergii / 324
Magnolia denudata / 144
Magnolia grandiflora / 292
Magnolia kobus / 120
Magnolia liliflora / 244
Magnolia obovata / 236
Magnolia sieboldii / 308
Magnolia stellata / 152
Malus asiatica / 75
Malus baccata / 213
Malus toringo / 206
Melia azedarach / 116

Meliosma myriantha / 62
Milletia japonica / 209
Morus alba / 170
Morus bombycis for. dissecta / 20

N

Nandina domestica / 67

O

Osmanthus fragrans / 121
Osmanthus fragrans / 54

P

Paederia scandens / 43
Paeonia suffruticosa / 119
Parthenocissus tricuspidata / 86
Paulownia coreana / 218
Phellodendron amurense / 319
Photinia glabra / 315
Phyllostachys bambusoides / 225
Phyllostachys nigra / 222
Picea jezoensis / 19
Picrasma quassioides / 194
Pinus bungeana / 146
Pinus densiflora / 193
Pinus thunbergii / 48
Pittosporum tobira / 90
Platanus orientalis / 149
Populus davidiana / 175
Populus deltoides / 128
Pourthiaea villosa / 230
Prunus americana / 243
Prunus armeniaca / 183
Prunus leveilleana / 32
Prunus mume / 115
Prunus persica / 159
Prunus serrulata / 150
Prunus tomentosa / 211
Pterocarya stenoptera / 265
Pueraria lobata / 285
Punica granatum / 191
Pyrus pyrifolia / 91
Pyrus pyrifolia var. culta / 139

Q

Quercus acuta / 163
Quercus acutissima / 187
Quercus aliena / 24
Quercus dentata / 103
Quercus glauca / 257
Quercus mongolica / 202
Quercus myrsinaefolia / 21
Quercus serrata / 255
Quercus variabilis / 53

R

Rhaphiolepis umbellata / 82
Rhododendron brachycarpum / 109
Rhododendron micranthum / 273
Rhododendron schlippenbachii / 276
Rhodotypos scandens / 154
Rhus chinensis / 164
Rhus trichocarpa / 35
Rhus verniciflua / 224
Ribes mandshuricum / 57
Rosa hybrida / 248
Rosa multiflora / 269
Rubus buergeri / 41
Rubus coreanus / 157
Rubus oldhamii / 264
Rubus parvifolius / 117

S

Sageretia theezans / 185
Salix babylonica / 199
Salix gracilistyla / 37
Salix hulteni / 313
Salix koreensis / 147
Salix koriyanagi / 289
Salix matsudana / 227
Sapindus mukorossi / 126
Sasa borealis / 252
Schizandra chinensis / 221
Sciadopitys verticillata / 55
Smilax sieboldii / 277
Sophora japonica / 323
Sorbus commixta / 106
Sorus alnifolia/ 299
Spiraea prunifolia var. simpliciflora / 253

Spiraea salicifolia / 57
Staphylea bumalda / 46
Stephanandra incisa / 52
Stewartia koreana / 68
Styrax japonica / 102
Symplocos chinensis for. pilosa / 70
Syringa dilatata / 197
Syringa velutina / 250

T

Tamarix chinensis / 229
Taxodium distichum / 65
Taxus cuspidata / 259
Thea sinensis / 272
Thuia occidentalis / 189
Thuja orientalis / 280
Thymus quingquecostatus / 143
Tilia amurensis / 305
Tilia megaphylla / 215
Tilia taquetii / 171
Torreya mucifera / 166
Trachelospermum asiaticum var. intermedium / 107
Tripterygium regelii / 131

V

Viburnum awabuki / 207
Viburnum carlesii / 161
Viburnum sargentii for. sterile / 162
Viscum album var. coloratum / 40
Vitex rotundifolia / 200
Vitis vinifera / 301

W

Weigela subsessilis / 153
Wisteria floribunda / 98

Z

Zanthoxylum schinifolium / 180
Zelkova serrata / 74
Zizyphus jujuba var. inermis / 87

참고문헌

한국어 문헌

- 김민수. 1997. 우리말 어원사전. 태학사. 서울.
- 김지황. 1994. 현대국어의 접미파생어 연구. 충북대학교 석사학위 논문.
- 김태정. 1990. 우리 꽃 백가지. 현암사. 서울.
- 고경식, 전의식. 1995. 식물이름찾기. 도서출판 경원. 서울.
- 노재민. 1999. 현대국어 식물명의 어휘론적 연구. 서울대학교 석사학위 논문.
- 리용재, 황호준. 1984. 식물명사전. 과학백과사전출판사. 평양.
- 박상진. 2001. 궁궐의 우리나무. 놀와. 서울.
- 박용수. 1996. 계레말사전. 서울대학교출판부. 서울.
- 박윤점, 서영남, 허북구, 정봉탁, 정주연. 2001. 정유자원식물의 학명 어원 연구. 원광대학교 생명자원과학연구 23:33~45.
- 박인환. 1994. 한국자생식물명의 유형분석. 경북대농학지 12: 1~7.
- 백진주, 박천호, 박윤점, 허북구. 1998. 자생식물과 도입 화훼명의 어원 및 유형비교. 한국식물 · 인간 · 환경학회지 1(2): 104~114.
- 서정범. 2001. 국어어원사전. 도서출판 보고사. 서울.
- 손관성. 1996. 나의 꽃 문화산책. 을유문화사. 서울.

• 송도중학교생물연구회. 1946. 순우리말식물명집. 송도중학교. 개성.
• 송홍선. 2002. 아름다운 서해 섬 풀꽃나무 이야기. 도서출판 풀꽃나무. 서울.
• 송홍선. 2003. 제주자생 상록수도감. 풀꽃나무. 서울.
• 양인석. 1983. 백화전서. 송원문화사. 서울.
• 여찬영. 1991. 식물명칭어 연구. 한국전통문화연구 7: 11~33.
• 여찬영. 1997. 우리말 식물명칭어의 짜임새 연구. 대구어문론총 15: 105~131.
• 육창수. 1994. 한국본초학. 청구문화사. 서울.
• 윤평섭. 1989. 한국원예식물도감. 지식문화사. 서울.
• 이남덕. 1985. 한국어 어원연구 Ⅰ~Ⅳ. 이화여자대학교 출판부. 서울.
• 이영로. 1996. 원색한국식물도감. 교학사. 서울.
• 이우철. 1996. 한국식물명고. 아카데미서적. 서울.
• 이유미. 1995. 우리가 정말 알아야 할 우리나무 백가지. 현암사. 서울.
• 이일병. 2001. 원예식물의 학명 및 한국명의 어원연구. 원광대하교 박사학위 논문.
• 이일병, 박윤점, 김태춘, 안상렬, 허북구. 2003. 과수의 한국이름 유래에 관한 연구. 원광대학교생명자원과학연구 25:1~14.
• 이창복. 1980. 대한식물도감. 향문사. 서울.
• 임경빈. 1983. 나무백과. 일지사. 서울.
• 임경빈. 1984. 속나무백과. 일지사. 서울.
• 임경빈. 1988. 나무백과(3). 일지사. 서울.

• 임경빈. 2002. 나무백과(6). 일지사. 서울.
• 임소영. 1996. 한국어 식물이름의 언어학적 분석. 상명대학교 박사학위 논문.
• 임소영. 1997. 한국어 식물이름의 연구. 한국문화사. 서울.
• 전영우. 1997. 산림문화론. 국민대학교출판부. 서울.
• 정태현. 1937. 조선식물향명집. 조선박물연구회. 경성.
• 정태현. 1957. 한국식물도감(목본부). 창원사. 서울.
• 조무행. 1989. 한국수목도감. 아카데미서적. 서울.
• 조재윤. 1978. 물명류고의 연구. 고려대학교 석사학위 논문.
• 최상범. 1987. 우리나라에 식재되고 있는 조경수 학명의 어원학적 고찰. 동국대논문집 26: 251~273.
• 최상범. 1988. 목본 조경식물의 학명 어원에 관한 연구. 동국대학교 농림과학논문집 12:157~188.
• 최상범. 1994. 조경식물의 학명에서 속명의 어원 연구. 동국대학교 농림과학논문집 18:169~199.
• 최영전. 1992. 한국민속식물. 아카데미서적. 서울.
• 최창렬. 1987. 우리말 어원연구. 일지사. 서울.
• 최창렬. 1993. 어원산책. 한신문화사. 서울.
• 허북구, 박석근. 2002. 우리 꽃 이름의 유래를 찾아서. 중앙생활사. 서울.
• 허준(신배구, 배원식 역). 1984. 동의보감. 남산당. 서울.
• 홍만선(한국민족문화추진회역). 1969. 산림경제. 경인문화사. 서울.
• 황중락, 윤영활, 이기의. 1991. 조경식물명의 유래에 관한 고찰. 한국정

원학회지 9(1): 5~29.
- 황중락, 윤영활. 1992. 한국 수목명의 유래에 관한 연구. 한국정원학회지 10(1): 73~104.
- 황중락, 이기의, 신우균. 1997. 한국 초본성 조경식물명에 관한 연구: 중국명과 일본명에서 유래된 이름을 중심으로. 한국조경학회지 25(2):20~30.

일본어 문헌

- 荒保宏. 1990. 花の王國(1, 2, 3). 平凡社. 東京.
- 朝比裔太彦, 淸水藤太郎. 1931. 植物藥物・學名典範. 春陽堂. 東京.
- 張宏又, 王勇. 1978. 中韓植物名稱辭典. 科學出版社. 北京.
- 平嶋義宏. 1989. 學名の話. 九州大學出版會. 福岡.
- 深津正. 1995. 植物和名語源新考. 八坂書房. 東京.
- 深津正. 1999. 植物和名の語源. 八坂書房. 東京.
- 飯田年穗, 瀨倉正京. 1991. 花の名前:ヨ～ロッパ植物名の語源. 八坂書房. 東京.
- 井上浩, 田村道夫. 1974. 植物系統分類の基礎. 圖鑑の北降館. 東京.
- 居初庫太. 1986. 花の歲時記. 株式會社淡交社. 京都.
- 伊藤洋校, 川岐次男. 1973. 植物系統學概論. 廣川書店. 東京.
- 角倉一. 1959. 有用植物の學名解・奥付. 廣川書店. 東京
- 官澤文吾. 1940. 花木園藝. 八坂書房. 東京.
- 刈未達夫序, 勇倉一. 1964. 有用植物の學名解: 藥用, 農作, 園藝, 用材植物等. 廣川書店. 東京.
• 近藤浩文. 1980. 木の名・草の名:その名の由來. 保育社. 東京.
• 近藤浩文. 1982. 木名, 草名. 保育社. 大阪.
• 堀田滿. 1989. 世界有用植物事典. 平凡社. 東京.
• 前川文夫. 1998. 植物の名前の話. 八坂書房. 東京.
• 增淵法之. 1988. 日本と中國植物名の比較對照辭典. 東方書店. 東京.
• 村田懋麿. 1932. 土名對照滿鮮植物字彙. 成光館書店. 東京.
• 中村浩. 1980. 植物名の由來. 東京書籍株式會社. 東京.
• 中村浩. 1981. 園藝植物名の由來. 東京書籍株式會社. 東京.
• 中井猛之進. 1914. 朝鮮植物. 成美堂. 東京.
• 清水清. 1978. 植物名の話. 誠文堂新光社. 東京.
• 清水清. 1978. 植物の名前小事典. 誠文堂新光社. 東京.
• 清水清. 1986. 植物名おもしろミニ知識. 誠文堂新光社. 東京.
• 塚本洋太郎. 1994. 園藝植物大事典. 小學館. 東京.
• 塚本邦雄. 1985. 花名散策. 株式會社花曜社. 東京.
• 上村登. 1976. なんじゃもんじゃ: 植物學名の話. 圖鑑の北陸館. 東京.
• 山田晴美. 1983. 園藝植物の學名辭典. 農業圖書株式會社. 東京.

궁금할 때 바로 찾는 우리 나무 도감

초판 1쇄 발행 | 2008년 5월 7일
개정초판 1쇄 인쇄 | 2015년 12월 10일
개정초판 1쇄 발행 | 2015년 12월 15일

지은이 | 허북구 · 박석근(Bukgu Heo · Sukkeun Park)
펴낸이 | 최점옥(Jeomog Choi)
펴낸곳 | 중앙생활사(Joongang Life Publishing Co.)

대 표 | 김용주
편 집 | 한옥수 · 노민정 · 김가현
디자인 | 박근영
마케팅 | 최기원
인터넷 | 김회승

출력 | 케이피알 종이 | 타라유통 인쇄 | 현문자현 제본 | 광신제책사

잘못된 책은 구입한 서점에서 교환해드립니다.
가격은 표지 뒷면에 있습니다.

ISBN 978-89-6141-172-1(06480)

등록 | 1999년 1월 16일 제2-2730호
주소 | ㊌ 04590 서울시 중구 다산로20길 5(신당4동 340-128) 중앙빌딩
전화 | (02)2253-4463(代) 팩스 | (02)2253-7988
홈페이지 | www.japub.co.kr 블로그 | http://blog.naver.com/japub
페이스북 | https://www.facebook.com/japub.co.kr 이메일 | japub@naver.com
♣ 중앙생활사는 중앙경제평론사 · 중앙에듀북스와 자매회사입니다.

※ 이 도서의 국립중앙도서관 출판시도서목록(CIP)은 서지정보유통지원시스템 홈페이지(http://seoji.nl.go.kr)와
국가자료공동목록시스템(http://www.nl.go.kr/kolisnet)에서 이용하실 수 있습니다.(CIP제어번호: CIP2015032304)